知乎
有问题 就会有答案

斑斑————著 阿科————绘

总有一天
会养猫

CTS 湖南科学技术出版社 博集天卷
CS-BOOKY

图书在版编目（CIP）数据

总有一天会养猫 / 斑斑著 ; 阿科绘 . -- 长沙：湖南科学技术出版社，2023.6
ISBN 978-7-5710-2105-4

Ⅰ . ①总… Ⅱ . ①斑… ②阿… Ⅲ . ①猫—普及读物
Ⅳ . ① Q959.838-49

中国国家版本馆 CIP 数据核字（2023）第 046972 号

上架建议：科普 · 宠物

ZONG YOU YITIAN HUI YANG MAO
总有一天会养猫

著　者: 斑斑
绘　者: 阿科
出品方: 知乎 BOOK
出版人: 潘晓山
责任编辑: 刘竞
监　制: 毛闽峰
特约监制: 张娴 魏丹
策划编辑: 云逸
特约编辑: 周子琦 史义伟
文案编辑: 赵志华
营销编辑: 李默晗 刘珣 焦亚楠
装帧设计: 何睦 杨慧
出　版: 湖南科学技术出版社
　　　　（湖南省长沙市芙蓉中路 416 号 邮编：410008）
网　址: www.hnstp.com
印　刷: 三河市兴博印务有限公司
经　销: 新华书店
开　本: 880 mm×1230 mm 1/32
字　数: 187 千字
印　张: 9.5
版　次: 2023 年 6 月第 1 版
印　次: 2023 年 6 月第 1 次印刷
书　号: ISBN 978-7-5710-2105-4
定　价: 68.00 元

若有质量问题，请致电质量监督电话：010-59096394
团购电话：010-59320018

为什么我们对猫
如此痴迷？

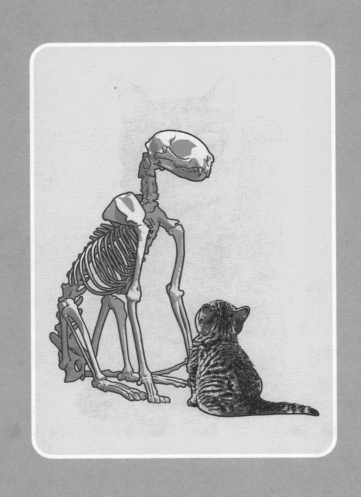

猫究竟来自何处？

怎么吃才更健康？

猫的情感和人类是
一样的吗？

软萌可爱的猫为什么
成为"生态杀手"?

目录

遇见一只猫

它们被视为被收养的孩子，被人类照顾和纵容。家猫的祖先非洲野猫也正是如此成了人类祖先乡村生活的一分子。

猫的故事要从很久很久之前讲起，大约在3500万年前的始新世晚期，猫的祖先出现在了地球之上。到了2300万年前—533万年前，如今猫科动物中的所有成员就都出现了。2017年，人类通过对现存猫科动物系统发育关系的形态学和分子学研究，更新了整个猫科的分类情况（见附录1），分成了2个亚科、8个世系、14个属、41个种和77个亚种。这里面有很多人类熟悉的面孔，比如狮子、老虎、猎豹这些能在动物园里看到的常客，或者云豹、雪豹、猞猁和兔狲这些在电视节目中偶尔会出现的大猫。对人类来说，这些猫科动物里的绝大多数都不能陪伴在人类周围。

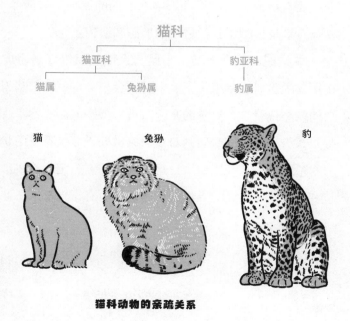

猫科动物的亲疏关系

那些能和人类一起生活的猫大部分都属于家猫，学名叫作 *Felis catus*，在分类的最后一个世系中。家猫之外，其他的猫属动物（*Felis* spp.）都是野猫。然而，野生家猫和本地野猫（野猫是指 *Felis* 属下非 *Felis catus* 之外的所有种）在形态上难以区分，彼此偶尔也会杂交，这使得"猫究竟来自何处"这一问题在人类学者的研究中有着不少分歧。在较早的研究中，根据对来自意大利的纯欧洲野猫及非洲野猫（*Felis lybica*）的种群形态计量学分析和同工酶变异性比较，人类学者得出非洲野猫是最有可能的家猫祖先；而一项对苏格兰猫科动物的毛皮和其他形态变异的研究则挑战了野猫和家猫可以根据身体特征区分的观点；还有研究认为家猫和野猫在基因的流动上可能非常普遍，从而有效地模糊了它们之间的形态和遗传差异。

21 世纪初，在人类、小鼠和大鼠基因组计划完成后，美国国立卫生研究院组织了一个委员会来决定下一个基因组的目标。人类最终选择对狗的基因组进行测序，而猫不幸落选，这导致人类在很长的时间内对猫的族谱处于雾里看花的状态。

最近，人类基因研究让这个问题有了一定的答案。对线粒体和微卫星 DNA[1] 变异的分析已确定所有家猫都来自北非、近

---

1 微卫星 DNA 是 2 ~ 6 个核苷酸组成的重复单元串联重复（10 ~ 60 次）而成的简单重复序列。

东亚种非洲野猫，驯化可能发生在新月沃地[1]。来自以色列、阿拉伯联合酋长国和沙特阿拉伯偏远沙漠地区的非洲野猫的幸存亚群在遗传信息上几乎与家猫不可区分。

说非洲野猫是家猫的祖先还有着其他的原因。所有现有的考古证据都指向了家猫起源于北非或西亚。另一种曾经被人类当作家猫祖先的猫——欧洲野猫，在行为证据上与家猫非常不同。欧洲野猫在被逼到绝境时，会显得极度胆怯，又非常凶残。由于它们的这一特性，即使人类从它们很小的时候就开始对其进行培养和驯服，依旧不能把它们驯化。欧洲野猫和家猫之间的第一代杂交猫在行为上也趋向于与野生亲本相似，这使得欧洲野猫成为一个相对不适合驯化的候选物种。

相比之下，非洲野猫则具有更温顺的性情，并且经常在人类村庄和定居点附近生活和觅食。19 世纪 60 年代，德国植物学家探险家格奥尔格·施魏因富特（Georg Schweinfurth）在南苏丹的一次旅行中观察到，当地的邦戈人经常会捕捉一些小猫，毫不困难地"让它们在自己的小屋和围栏里生活，在那里长大，并与老鼠进行自然的战争"。施魏因富特自己也深受老鼠的折磨，该死的老鼠会吞食他珍贵的植物标本，于是他买了几只这样的猫。他写道："它们在被捆绑了几天之后，似乎不

---

1 指西部亚洲两河流域及其毗邻的地中海东岸（叙利亚、巴勒斯坦一带）的一片弧形地区。因土地肥沃，形似新月，故名。为上古文明发源地之一。

再那么凶猛，并适应室内生活，以便在许多方面接近普通猫的习惯。"到了晚上，他把它们放在自己的行李上，这样就可以不用再担心老鼠的破坏，安心上床睡觉了。

大约一个世纪后，一位名叫雷伊·史密瑟斯（Reay Smithers）的作家发现，津巴布韦的野猫很有趣。它们像欧洲野猫一样难以驯服，但成功驯服后，就会变得非常友好。他写道："外出一天后回家时，它们往往会变得非常深情。当这种情况发生时，你不妨放弃正在做的事情，因为它们会在你写东西的纸上到处走动，在你的脸上或手上摩擦自己，或者跳到你的肩膀上，在你的脸和你正在读的书之间试探，在你肩上滚动，呜呜叫，伸展自己，有时甚至会掉下来。它们的热情，总的来说，要求你全神贯注。"史密瑟斯还指出，这些猫比家猫更具有地域性，它们之间的第一代杂交猫在行为上更像家猫的父母。

另外，词源学也有证据支持家猫起源于北非或西亚这一观点。英语单词"cat"、法语"chat"、德语"katze"、西班牙语"gato"、4世纪的拉丁语"cattus"和现代的阿拉伯语"quttah"似乎都源自努比亚[1]语单词"kadiz"，意思是猫。同样，英语中的"puss"和"pussy"（均指小猫或猫咪）以及罗马尼亚语中的"pisica"一词也被认为来自埃及猫女神贝斯特的另一个名

1　努比亚（Nubia），非洲东北部古国。古埃及人称"库什国"（Kush），古希腊人称"埃塞俄比亚"。大体相当于今尼罗河第一瀑布迤南至苏丹喀土穆一带。

字"Pasht"。

既然知道了家猫的祖先是非洲野猫，那么接下来就聊聊猫和人类是怎么走到一起的吧。猫被人类驯化并不是一个突然的事件，而是一个渐进的过程，因此也很难说人类对猫咪驯化的确切时间和地点。但一般来说人类驯化动物分为两个不同的阶段：第一阶段是动物的捕捉、饲养和驯服，没有任何蓄意的尝试来调节它们的行为或繁殖；第二阶段是有意识、有选择性地调节和控制动物的行为和繁殖，以达到人类想要的特定结果。在第一阶段中，动物往往只伴随着与野生型的轻微形态差异，比如体形略微减小，难以与其野生祖先区分。相比之下，第二阶段通常会跨越广泛物理特性，使动物产生和其野生祖先的实质性差异。对猫来说，完全驯化的标志包括广泛出现在祖先物种地理范围以外的地区，或者人类把猫的形象转化为艺术的形式呈现在各种作品中，以及出现专门为繁殖和饲养猫所制作的物件。

可以说人类在驯化猫的路上走了大概一万年。来自地中海塞浦路斯岛的考古证据提供了重要线索。塞浦路斯岛自形成以来，一直与小亚细亚大陆相隔约 60 ~ 80 千米。因此，它没有本地的猫科动物。然而，在塞浦路斯最早的人类聚居地遗址的挖掘工作显示，在 9500 年前已经有了猫咪遗骸，有一只猫和人类埋葬在了一起。这只猫咪的遗骸较大，种种迹象表明它属于非洲野猫。它在岛上与人类一起生活和死亡的唯一原因只可

塞浦路斯考古中发现的猫与人同葬

能是它被这里的第一批人类殖民者驯服并用船运了过去。除了塞浦路斯这个例子，新石器时代早期的黎凡特居民已经习惯于捕捉和驯服野猫，并带它们远洋航行，这是差不多一万年前的事情了。这一时间也与家猫谱系的遗传证据彼此印证，非洲野猫的驯化起源时间与此非常接近。

在巴勒斯坦的考古研究中，人类发现了非洲野猫骨头和牙齿的碎片，发掘出来的人类遗迹处于新石器水平，可追溯到公元前 8000—前 7000 年。在埃及，最早的猫咪遗骸在一个墓中被发现，可追溯到公元前 6000 年，那只猫咪和羚羊一起，陪着它们的主人去了另一个世界。不过人类学者中也有人持不同的意见，比如美国自然史博物馆的汤姆·罗思韦尔（Tom Rothwell）认为这些都不是驯服的证据。他说："这只是一些猫和人一起埋葬罢了。如果这只猫是一只宠物，坟墓里应该还有项圈、玩具或食碗。"他认为，猫被驯化的确凿证据来自公元前 1000 多年的埃及壁画，那时候猫咪和老鼠开始同时出镜。在这个时期，另一个猫被人类驯化的标志是它们被古埃及人做成了木乃伊，这也使得人类能够从中提取到古代埃及猫的线粒体 DNA。

虽然猫非常谦虚地承认自己是被人类驯化了，但人类学者的研究中有着一种不同的观点，有人认为猫的驯化过程其实是一种自主行为。

大约 1100 年前，中东农业逐渐发展，人类开始种植谷物，并储存剩余的谷物，小啮齿动物、野猫被当地丰富的食物所吸引，随后入侵并殖民了新石器时代的城镇和村庄。这些城镇和村庄的人类居民立即看到了允许家猫的祖先出没在房屋和粮仓周围的好处。这一过程反过来作用于家猫的祖先，其中那些胆子较大、脑袋又好使的个体最终成为永久性城市家猫种群的"创始人"，它们开始越来越依赖人类所带来的食物和庇护所。

这么听着是不是很有道理，这个假设的情境让人觉得很合理，而且肯定会吸引那些欣赏猫咪与生俱来的独立精神的人群，但事实上，这种假设低估了人类在动物驯化过程中的积极性。猫并不是那么自然而然地来到人类身边的，这里面少不了人类的作用。人类通过捕捉和驯服，把猫作为宠物来培养，两者之间才最终演变成了如今的关系。

宠物饲养可不是现代人类的专利，根据人类在历史上表现出的对于各种宠物的痴迷，没有理由认为新石器时代的人类会有任何不同。在亚马孙河地区，仍然存在少数靠狩猎和采集为生的部落。狩猎者通常捕获幼小的野生动物，将它们带回家，然后将它们作为宠物饲养，这一过程通常由妇女操作。这些宠物会被非常热情地喂养和照顾。通常情况下，它们不会被杀死或食用，即使它们可能属于可食用的物种。当它们因自然原因死亡时，饲养者常常会感到悲伤。大量不同品种的鸟类和哺乳动物以这种方式被饲养，其中自然包括猫科中的一些成员，如虎猫、豹猫，甚至美洲虎。更重要的是，这些动物不需要服务于任何功能或经济目的。相反，它们被视为被收养的孩子，被人类照顾和纵容。家猫的祖先非洲野猫也正是如此成了人类祖先乡村生活的一分子。所以说新石器时代农业的出现，伴随着人类定居的农业社区的形成、收获谷物的储存以及共生啮齿类动物的繁殖，确实提高了猫科动物的工具价值，并为猫提供了一个更为持久的生态地位。但是，如果人类和猫之间没有预先存在的社会联系，驯化就不太可能进行。

被人类驯化让猫成为猫科动物中唯一没有濒危或受威胁的种类，现在据说猫在地球上已经超过 6 亿只。它们不再游荡在沙漠中寻找着大自然界的食物，而是坐在沙发上，等着"铲屎官"回家，然后绕到他的脚边，喵喵地叫着，告诉他自己肚子饿了。

第一章

透视
一只猫

五千代的变形记

当人类来掺一脚之后，基因变异的好坏边界就开始变得模糊，它不再以适应环境为评价标准，而是取决于在审美上是否能让人类感到愉悦和独特。因此，一些或"好"或"坏"的基因在品种猫的身上不断地被创造，并且保留了下来。

猫和人类一起生活了一万年，那是差不多两个中华文明存续的时间。猫一般在一岁前就会性成熟，可以繁殖交配生小奶猫，若按照两年一代来算，人类陪伴猫走过了五千代。

在五千代的岁月里，发生了好多好多事情。比如，现在的猫和其祖先长得越来越不一样了。英国短毛猫毛短而密，头大脸圆；布偶猫头呈楔形，被毛丰厚；俄罗斯蓝猫体形细长，掌小且圆；斯芬克斯猫长得像外星人一样，只剩下了一层精致的绒毛。

不过需要提前声明的是，前面的 4960 代形成的品种数量不到现在的一半，因为在人类的历史中，家猫被驯养后并没有得到"过多"的关心。这跟猫的邻居——狗不一样，狗被驯化的时间是猫的两倍，更重要的是，在历史中人类很快意识到狗可以执行高度专业化的任务。通过选择性繁育，生活在不同环境中的人们开始培育可以帮助人类生存的狗。例如，山区放牧的狗的性状要求不同于在牧场放羊的狗。因此，非常谨慎的杂交手段和特定性状的选择在狗品种的形成上至关重要。

相比之下，猫通常在人类家庭中仅担任两种角色：伴侣或害虫杀手。由于猫咪自然的模样和性状对完成这两个任务绰绰有余，所以人类并不倾向于大幅改造猫的身体。对于品种猫的追求和其选育高潮仅仅是近 80 年来的事情。在这近 80 年的努力下，如今美国爱猫者协会（the Cat Fanciers' Association，简称 CFA）认定的品种猫有 45 种。相比之下，根据美国养犬俱乐部的认定，目前狗的品种有 199 种，世界犬业联盟则承认 340 种品种犬。

尽管人类没有把猫当作一种工具而特地去改变猫的形态和功能，但是，世界各地的人还是有意识地选择了某些类型的猫。这种"品种选择"往往基于美学的原因，涉及的特征往往是皮毛的颜色、花纹的模式等。在前面提到的 45 种品种猫中，有 16 个"天然品种"被认为是家猫的区域变种（见附录 2），它们形成的时间早于人类对猫进行针对性繁育的时间。其余品种通常被定义为源自天然品种的简单基因突变。

人类学者根据贝叶斯聚类和邻接系统发育树（见附录 3）将世界上所有的猫按地区分为四个不同的群体：地中海盆地、亚洲、西欧和东非。

在地中海地区，各区域的猫的遗传多样性保持相当一致，这大概是由于古代船只和大篷车的贸易也促使猫在这个地域中不断流通。但地中海地区某些区域中的猫存在着一些有趣的状况。比如，意大利和突尼斯的猫是西欧猫和地中海猫的杂交，这或许是地中海地区与西欧国家在历史中复杂关系的一个印证。

类似的现象在别的地域中也可以看到。比如，来自新加坡的猫是东南亚、欧洲的猫和其他任何地方的猫的杂交，这可能是英国殖民主义和近代海运发展所造成的现象。斯里兰卡的猫是阿比西尼亚猫和其他东亚或西欧品种猫的杂交，这可能是阿拉伯海的海上贸易路线加上近代的英国殖民主义造成的。

波斯猫

俄罗斯蓝猫

暹罗猫

安哥拉猫

第一批被猫协会注册的猫品种

最有趣的差异出现在亚洲的猫群。亚洲的猫在遗传上与地中海盆地、西欧和非洲的猫都相当不同，这种遗传多样性模式表明第一批家猫相对较早地到达了远东地区，随后就进入了长期的相对孤立状态。这种地域上的隔离可能是历史上那些伟大的帝国国力衰减而导致的贸易减少所造成的。相比地中海盆地或西欧的地方猫种群，亚洲不同地区的猫种群之间的遗传差异更大，表示亚洲各地区的猫之间的交流并不多。

这些在遗传上可区分的、不同地域的随机繁殖的猫就成为所谓的"天然品种"。基于这些品种，人类展开了对新品种猫的繁育。波斯猫是最古老的猫科动物品种之一，通常被用于与其他猫杂交产生更多的短头型猫，比如异国短毛猫基本上就是波斯猫的短毛变种，因此在发育树上这两个品种完全聚类为一组。与此相似的是，很多长头型猫品种中都会带有暹罗猫的基因，比如哈瓦那棕猫。衍生品种在基因层面跟天然品种非常相似，这些衍生的品种猫在很大程度上是单一基因突变而成的，例如毛发长度、毛色和斑纹的改变。这也就是为什么哈瓦那棕猫被美国爱猫者协会认定为独立的品种猫，但欧洲猫品种协会则认为它只是暹罗猫的颜色变体。

"突变"听起来似乎不是什么好事，会让人想起因为核辐射而变异的大老鼠，或者电影里的变种人。然而在遗传的背景下，"突变"意味着不同于"野生型"（自然界中常见的生物体的形式），至于突变是好是坏，就需要看突变的内容了。

再回到猫的祖先，野生型的家猫是一种褐色鲭鱼斑猫，身体和面部构造适中。但随着自然和人工选择、迁徙，变异的频率在种群中发生了变化。一些原本不典型的特征开始变得平常。例如，如今普通波斯猫有高度短头型。然而在100年前，波斯猫不过是长着长毛的猫，脸型还算正常，现在的波斯猫相比之前的就非常不典型。虽然波斯猫头部结构的改变是通过人类选择完成的，但自然选择也会随着时间的推移而改变野生型，特别是在影响关乎猫咪健康的基因上。

对野生型的猫来说，基因变异通过赋予不同的选择压力来支持猫的进化。一个种群需要变异，这样特定的个体就能抵御可能导致猫早死的病毒和其他感染，从而让这个种群繁衍生息，成为一个进化程度更高、更能适应环境、拥有更好身体的物种。

不过当人类来掺一脚之后，基因变异的好坏边界就开始变得模糊，它不再以适应环境为评价标准，而是取决于在审美上是否能让人类感到愉悦和独特。因此，一些或"好"或"坏"的基因在品种猫的身上不断地被创造，并且保留了下来。

为了更容易了解其中的奥秘，来简单学习一点遗传学的知识吧。首先，之前提了好多次的"基因"是由一种叫作"DNA"（脱氧核糖核酸）的物质所构成的。基因就像建造房屋的图纸，上面画满了建造细胞、组织、器官等的具体计划。基因串联在一起，形成DNA长链，就被称为"染色体"。每个基因都位于染色体上的特定位置，被称作"位点"。猫的染色体和人类一样都是成对出现的，如果基因也成对出现，就被称为"等位基因"。如果一对染色体中的两个基因是相同的，那它们被称为"纯合子"；如果这两个等位基因是不同的，就被称为"杂合子"。基因有"显性"和"隐性"的区别。其中，显性基因意味着它所代表的性状即使等位基因对中仅存在一个显性基因也会表现出来；而隐性基因则表示只有当染色体对的两个等位基因都具有该基因时，该基因所代表的性状才会被表达。

人类的染色体有 23 对，但猫只有 19 对，包含着 18 对常染色体和 1 对性染色体。在常染色体中，虽然染色体对以不同的大小和形状出现，但每对染色体彼此的大小和形状是相同的。而剩下的那对性染色体彼此的大小和形状就不同了，

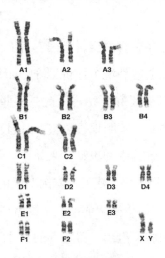

家猫的 19 对染色体

被称为 X 染色体和 Y 染色体，其中 X 染色体是中等大小的，而 Y 染色体却长得非常迷你。如果是只母猫，那它就有两条 X 染色体（XX），而公猫则有一条 X 染色体和一条 Y 染色体（XY）。

既然 X 染色体比 Y 染色体长得大，也就意味着 X 染色体上的基因比 Y 染色体上的要多。如果控制性状或疾病的基因位于 X 染色体或 Y 染色体上，再加上另一染色体上不具有等位基因，就使得这些基因更有可能被表达，这就是为什么猫的某些性状或者疾病会和性别有关系。

到目前为止，已经有超过 40 个基因和大约 70 个 DNA 的变异被证明会引起猫的某些疾病，或导致其表现型、血型的改变。比如，被毛显性白色的突变与耳聋和因色素脱失与紫外线照射而增加的黑色素瘤风险有关；无毛的表现型对猫来说"太不自然了"，使得猫可能会遭受潜在的体温过低和晒伤等危险；还有众所周知的围绕着苏格兰折耳猫的耳折表现型带来的健康问题的争论，这种突变与软骨发育不良有关，尽管许多繁育人认为，软骨发育不良只会发生在纯合子的折耳猫身上，但实际上，在杂合子中很可能也会有亚临床的表现。

人类首次发现由具体基因变异引起的猫疾病是在 1994 年。那一年，美国康奈尔大学病理学系的学者发现了和猫肌肉萎缩症相关的基因。同年，俄勒冈健康与科学大学神经科的学者发现了猫桑德霍夫病相关的基因。

这类基因所导致的大多数疾病都是在品种猫身上发现的。例如，猫最常见的遗传性疾病——多囊肾病在波斯猫中的患病率大约有 37%。由于波斯猫被广泛用于品种猫的开发和繁育，其衍生品种，如英国短毛猫、美国短毛猫、塞尔凯克卷毛猫和苏格兰折耳猫，就非常需要进行对多囊肾病的筛查。附录 4 的表列出了可进行商业基因筛查检测的家养猫的遗传性疾病，大多数在猫身上发现的疾病都是针对特定品种的，因此相应的基因检测在品种猫的繁育中应该得到人类的重视。

但是，也请不要谈"病"色变，基因是一个非常庞大的话题，即使对人类来说，也有非常多遗传病的作用机理还不清晰，何况是猫的遗传病。对某些性状和疾病来说，即使确定了一种已知的致病基因变异，具有该变异的猫可能也不会真的患上该病。根据个体的不同，大多数性状和疾病都有一定程度的可变表达。一些患有多囊肾病的猫可能只有很少的囊肿，从未发展成肾病；另一些猫则会非常严重，在生命早期就可能死于肾功能衰竭。

另一个非常典型的例子就是肥厚型心肌病，这是一种公认的遗传性疾病。2005 年，俄亥俄州立大学的学者研究了缅因猫群，发现心脏肌球蛋白结合蛋白 C 基因（MYBPC3）中的 A31P 蛋白改变与肥厚型心肌病密切相关，但其中的数据又表明并不是所有携带这种变异的缅因猫都会患肥厚型心肌病；而且一些患病的缅因猫也没有基因突变。之后，法国国家医学研究中心和德国慕尼黑大学的两项研究也验证了这一现象。

　　所以，若你是一名繁育者，请尽量不要繁育会遗传基因缺陷的猫；若你是一名"铲屎官"，也请你不要丢弃患病的猫。能找到属于自己的主人，是每一只猫这辈子最幸福的事情，有了你，它一定会鼓起勇气与病共存。

毛色的光谱学

这条规律在黑色系的猫中没有丝毫问题，但是在橙色系的猫中出现了例外。请闭上眼睛在脑海中描绘出一只橘猫，然后把注意力放到它的毛色上，它是纯橘色的吗？是不是在你的印象中，橘猫其实身上多多少少都有斑纹？这就是例外。

请你闭上眼睛想一下，猫有多少种颜色。除了白猫、黑猫、橘猫这些基本款，你脑海中是不是还能想到其他颜色的猫？当然，你不会想到红色、紫色或绿色的猫，但你一定觉得猫的毛色没有那么单调，还有着其他丰富的变样。

12 种基本色

有了前面的基础，现在就可以来说一下为什么猫有着那么丰富的毛色。说丰富的毛色有点不太好意思，因为猫的毛色其实仅由两种色素组成，一种叫真黑素，另一种叫褐黑素。其实，地球上所有哺乳动物的毛色都是由这两种色素所控制的。至于为什么说这两种色素可以呈现出大千世界中所有哺乳动物的毛色，我这就细细讲来。

第一种色素的名字叫作"真黑素"，顾名思义，它是一种真的很黑的色素。它会吸收几乎所有的光线，然后产生黑色的色素沉着。在默认的情况下真黑素在猫身上表现为黑色的毛色，所以但凡你看到一只猫身上有黑色的部分，那都来源于其产生真黑素的细胞。

不过真黑素在猫身上作用的机制并没有这么简单。控制真黑素产生的是三个等位基因，这使得猫的毛色除了黑色外还会呈现出两种不同的颜色，分别是巧克力色和肉桂色。这还没有结束，因为真黑素的合成会被非性染色体上的"淡化色基因"

修饰而改变。简单地说，就是在淡化色基因的作用下，真黑素的形成会有不同程度的障碍，导致细胞内真黑素的数量减少，以至猫毛的黑色被"稀释"。相应地，基于前面这三种颜色，猫的毛色会出现三种被"稀释"的选项，分别是：蓝色、丁香色和淡褐黄色。由于淡化色基因表达程度的差异，这三种被"稀释"的毛色可以再次被"稀释"，被"焦糖化"，分别成为：焦糖化蓝色、焦糖化丁香色（灰褐色）和焦糖化淡褐黄色。

第二种色素的名字是"褐黑素"，这是用来让毛色呈现出橙色的色素。在淡化色基因的作用下，橙色的猫毛也可以被"稀释"成奶油色，然后再次被"稀释"成杏黄色。

猫的颜色遗传是在性染色体上，并且只在其中的 X 染色体上带有控制颜色的基因，而 Y 染色体是不带控制颜色的基因的。黑色和橙色是一对等位基因，也就是说，一条 X 染色体上带的要么是黑色毛基因，要么是橙色毛基因。这意味着若是一只刚出生的猫是公猫，那么它的颜色不可能遗传自它的父亲。因为公猫的性染色体是 XY，分别从父母身上获取一条染色体，X 染色体一定来自母亲，而 Y 染色体一定来自父亲。Y 染色体是不带控制颜色的基因的，因此所有公猫的毛色都遗传自其母亲。所以说，公猫的毛色只可能呈现出黑色系或者橙色系，不可能同时存在两种颜色。而母猫的性染色体组成是 XX，分别从其父亲和母亲的身上遗传了一条 X 染色体，所以母猫的毛色是由父母共同决定的。当这两条 X 染色体都是黑色系时，母猫呈现出来的就是黑色系；当两条 X 染色体都是橙色系时，母猫呈现出来的就是橙色系；当两条 X 染色体分别是黑色系和橙色系时，母猫的毛色就会是玳瑁色。

那么玳瑁色的猫是如何决定自己身体上哪些毛应该变成黑色系，而哪些应该变成橙色系的呢？这里就有着一个"X 染色体失活"的生物机制。在胚胎发育早期的多细胞阶段，这些母猫的两条 X 染色体就会失活一条，失活的 X 染色体异固缩成染色较深的 X 小体。有些细胞保留了真黑素基因所在的 X 染色体的活性，而有些细胞保留的是褐黑素基因所在的 X 染色体的活性。这些细胞再分裂出来的子代细胞，都保持一样的失活程序，这样就决定了毛色的命运。

再回来看一下淡化色基因，这是一种隐性基因，因此，如果猫呈现出淡化色，那么一定在两条染色体上各存在着一个淡化色基因。如果只带有一个淡化色基因，那么这只猫就只是淡化色基因携带者，它只会呈现真黑素原本的颜色，不会呈现出淡化色的结果。

但是，如果这只猫与另一只携带了淡化色基因的纯合子或杂合子的猫交配，那么它们的宝宝中就有可能出现淡化色的猫；同理，如果这只猫跟不携带淡化色基因的猫交配，那么它们的宝宝中一定不会出现淡化色的猫。而如果是两个携带了淡化色基因的纯合子的猫交配，那么它们的宝宝就一定是淡化色的猫。

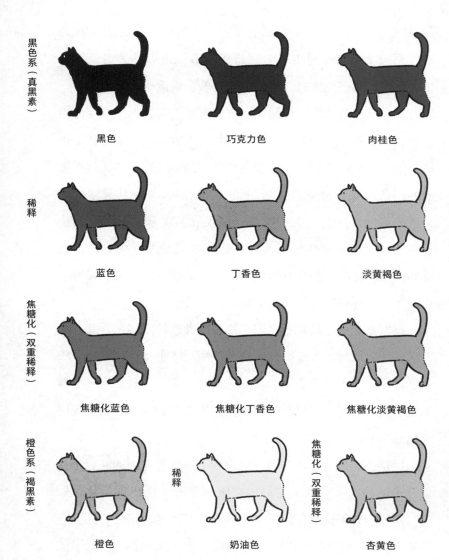

黑色系（真黑素）

黑色　　　　　巧克力色　　　　　肉桂色

稀释

蓝色　　　　　丁香色　　　　　淡黄褐色

焦糖化（双重稀释）

焦糖化蓝色　　　　焦糖化丁香色　　　　焦糖化淡黄褐色

橙色系（褐黑素）

稀释

焦糖化（双重稀释）

橙色　　　　　奶油色　　　　　杏黄色

猫毛的 12 种基本色

以上的内容介绍了猫的 12 种基本毛色，结合上页图可以形象地理解。其实，如今基本色的队伍中还有两个小伙伴，后续会在介绍虎斑纹的小节中讲到。

白猫

说到这里，对黑猫和橘猫以及它们的基本衍生色系已经基本讲完。那就要开始说一下白猫是怎么回事了。

一只猫想要成为白猫，有三种方法，分别是靠"白斑基因""白色基因"和"白化基因"的力量。

白斑基因

白斑基因并不是让猫的体内产生白色的色素，而是阻止猫合成原本的色素，所以看上去猫毛变成了白色。白斑基因不在性染色体上，因此在基因层面猫原本的颜色还是存在的，并且能正常遗传给后代。白斑基因是一种显性基因，只要存在一个白斑基因，猫便会呈现为白色。因此，若是杂合子的白猫生出了宝宝，就会有很大的概率按原本的毛色规律正常遗传。

白斑基因是一种非常强大的基因，可以作用于任何毛色。一般来说，带有一个白斑基因的猫的白度在 0 ~ 50%，而带有两个白斑基因的猫的白度在 50% ~ 100%。从下页图中可以直观地感受到不同白斑基因在不同程度表现时对猫的毛色的影

无白斑

无白斑基因

低等级白斑（白色区域面积小于 40%）

中等级白斑（白色区域面积在 40% ~ 60%，双色）

高等级白斑（白色区域面积大于 60%）

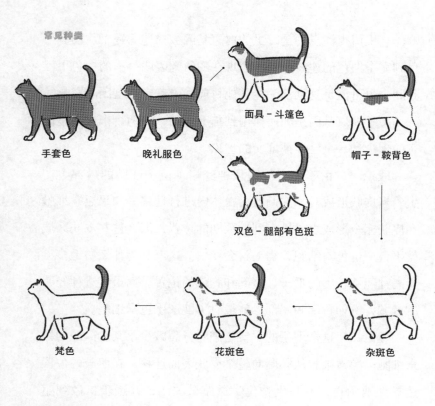

手套色

晚礼服色

面具 - 斗篷色

双色 - 腿部有色斑

帽子 - 鞍背色

梵色

花斑色

杂斑色

脸部白斑

白斑基因在猫毛上不同程度的表达

响。这里值得注意的是，虽然白斑基因被描述为一个从没有白色到完全白色的连续序列，但现在的研究表明，猫的白色下巴和肚皮也可能是受到了一些其他目前尚未确定的基因的影响。

关于白斑基因是如何作用到猫毛上的，有两个未被实验证实的理论和一个已经被证实的理论。

理论一： 由于黑素细胞从神经嵴（位于胚胎的后部）产生，当皮肤形成时，它们就会在体内进行迁移。如果黑素细胞在皮肤完全形成之前没有到达预期的位置，那么这些皮肤区域就不会产生色素细胞，猫毛就会变白。这就是为什么白毛多见于离神经嵴较远的爪子、腹部和胸部的位置，而最接近神经嵴的区域，例如背部和尾部，就最有可能产生色素细胞。

理论二： 这个理论的主旨是细胞分裂减少了某些区域的黑素细胞。黑素细胞从胚胎向整个皮肤表面迁移，在四肢的位置选择性地凋亡，或其生物化学通路被关闭，并逐步扩散到躯干。黑素细胞能走多远取决于体内化学浓度的梯度，在远端的位置就会变少。

理论三（已证实）： 黑素细胞在皮肤表面均匀迁移。在胚胎发育早期，不断膨胀的皮肤表面会出现裂缝，裂缝把表面分裂成了一块块"岛屿"。随着胚胎的生长，这些"岛屿"在胚胎表面漂移开来，中间区域变成白色。这些白色区域就像瘢痕组织，因为没有黑素细胞可以填充它们。当一些"岛屿"被推到一起时，皮肤表面就形成类似地幔的图案。白色的腹部区域的形成是因为在胚胎发育过程中这里是胚胎腹侧缝，发育速度极快，没有足够的黑素细胞留存其中。而黑色的脚部的形成是因为在四肢形成的同时，腹部区域扩张，黑素细胞被推至脚的末端。

　　在前一节中说到，母猫的颜色是由父母共同决定的，当两条 X 染色体分别是黑色系和橙色系时，猫会出现玳瑁色。玳瑁色中的红色系和橙色系原本的分布是完全随机的，但在白斑

理论一

理论二

理论三（已证实）

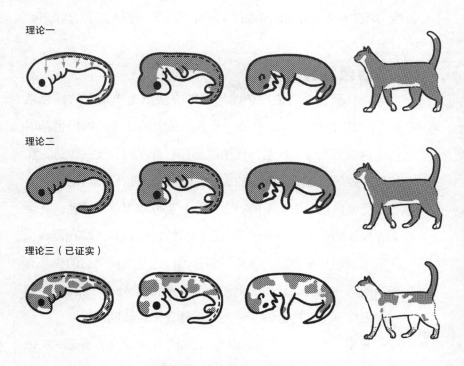

白斑基因作用于毛色的三种理论

基因的作用下，一只母猫就会同时显示出三种颜色，成为较为罕见的"三花猫"。

猫还会产生和白斑基因无关的白色斑纹，这些白色区域的出现主要是因为新出现的基因突变。当繁育者认为这种性状可以培育出新的品种时，这种变异就会被刻意保留下来，繁育者会通过精心的繁育来培养同样性状的后代。基于这些变异，一些新型的品种已经形成，比如"花呢型"（tweed）、"盐和胡椒型"（karpati）、"芬兰变异型"（Finnish Mutation）和"莫斯科变异型"（Moscow Mutation），还有一些品种仍在培育过程中。

白色基因

一只猫想要变成白色的第二种方法则是求助于"白色基因"。相比白斑基因，它是一种更加强大的存在。因白色基因而变白的猫不像白斑基因作用的那样有着不同程度的表达，在绝大多数的情况下是全白的。

受到白色基因支配的猫常常会有蓝色或橙色的瞳孔，甚至会有异瞳的现象。还有一件悲伤的事情，白色基因所在位点也作用于猫的耳部器官，因此一部分因白色基因而全白的猫会有相当的概率因为螺旋器、蜗神经节等发育不全，甚至完全不发育而发生耳聋，这被称为"先天性耳聋综合征"。

其中，拥有蓝眼睛的白猫耳聋的概率很高，查理·罗伯特·达尔文在《物种起源》中提到过白毛蓝眼的猫多天生耳聋。那些只有一只蓝眼睛的猫，蓝眼睛那一侧的耳朵失聪概率很高。猫有蓝眼睛，是因为眼睛结构中缺失脉络膜层，而脉络膜层和真黑素产生于同一种干细胞。同时，猫如果耳聋，有可能是由于内耳中缺少一层细胞层，而这层细胞层也是由同样的干细胞产生的。因此，如果这种干细胞出现了问题，那么猫就可能有蓝眼睛，它可能耳聋，并且变成一只白猫。

不过，并不是所有蓝眼睛的白猫都会失聪，因为无论会导致白毛的还是会导致蓝眼睛的基因都有好几种，所以这完全取决于猫的基因型（基因构成），而不是表现型（外表）。

相比之下，橙色眼睛的猫失聪的可能性要小得多。如果一只拥有白色基因的小猫出生时可以在它头顶上找到其他毛色的斑点，那么虽然这些斑点在其成年后通常会消失，但这样的猫很可能拥有正常的听力。

很多动物的白色基因是在性染色体上（携带在 X 染色体上），因此雄性动物会比雌性更容易拥有全白的毛色。但猫的白色基因是在常染色体上，对公猫和母猫都一视同仁。

本节的事实似乎有些沉重，但其实讲的是非常小概率的事件，用数据来说吧：

※ 95% 的猫都是非纯白猫，先天性耳聋在非纯白猫中极为罕见。

※ 在这些只占 5% 的纯白猫中，15% ~ 40% 的猫有一只或两只蓝眼睛。

在两只眼睛都是蓝眼睛的白猫中，60% ~ 80% 的猫是聋的，其余听力正常。

在一只眼睛是蓝眼睛的白猫中，30% ~ 40% 的猫是聋的，其余听力正常。

因此，一只患有先天性耳聋综合征的蓝眼白猫在猫的世界中只占总数的 0.25% ~ 1.5%，如果你在生命中有幸遇到这样一只猫，那就是命中注定的缘分。这些猫虽然听不见，但它们也有办法去感知这个世界和你。耳聋的猫咪会用爪子下的肉垫作为信号接收器，因为里面有相当丰富的感受器，能够感知到地面上微小的震动。

上帝为你关上一扇门，就会为你另开一扇窗，对人类而言，视力不好的人往往听力会更好，而在耳聋的蓝眼白猫的世界中，这扇窗就是"卖萌"的肉垫。除了听觉功能之外，这些猫与其他健康正常的猫并没有什么两样，耳聋并不会影响到猫的平衡功能和身体健康，如果和人类一起生活，也不会有任何障碍。

白化基因

除了前文的两种方法之外，白猫的出现还会受到"白化基因"的影响，简单地说就是猫患上了白化病。如今，白化病有五个已知的等位基因，原本应该呈现黑色（基因型 C）的猫毛就可能变成缅甸模式（巧克力色，基因型 cb）、暹罗模式（乳黄色，基因型 cs）、蓝眼睛白化病（米白色，基因型 ca）或粉红眼睛白化病（纯白色，基因型 c）。

虽然这些白化基因型相对黑色的基因型 C 都是隐性，但其内部仍有显性程度之分，依次是 C > cb = cs > ca > c，意即当猫咪的基因型是杂合时，它会表现为更深色的那个基因的性状。缅甸模式和暹罗模式的显性程度相同，因此当它们杂交时，还会衍生出一种东奇尼模式（貂皮色，基因型 cb/cs）。白化基因的不同作用类型可以从下页图中分辨出来。

在基本色的介绍中已经说过，猫的毛色只依赖于真黑素和褐黑素这两种色素，其实在根本的层面上，无论是哪种色素，它们的原料都没有区别，都来自酪氨酸，并且在酪氨酸酶的作用下才能最终合成为色素。如果一只猫体内的酪氨酸酶活性降低，它就不能生成足够的色素，毛色就会变浅；如果酪氨酸酶完全失去活性，它就只能长出白毛来。所以所谓的白化基因其实就是编码酪氨酸酶合成的基因发生了突变，导致合成出来的酪氨酸酶与正常的酪氨酸酶有所不同，活性便可能打折扣，甚至完全失活。

酪氨酸酶完全失活的情况实属罕见，当这种情况出现时，会影响猫眼睛脉络膜层的结构，因此猫眼会反射蓝粉色或淡粉红色的光。想要辨别一只全白的猫的毛色是白化病所致还是因为白色基因，只需查看它的眼睛即可。比如，中国的临清狮子猫很多就是白猫，它们的眼睛一般为橙色或蓝色，也有一橙一

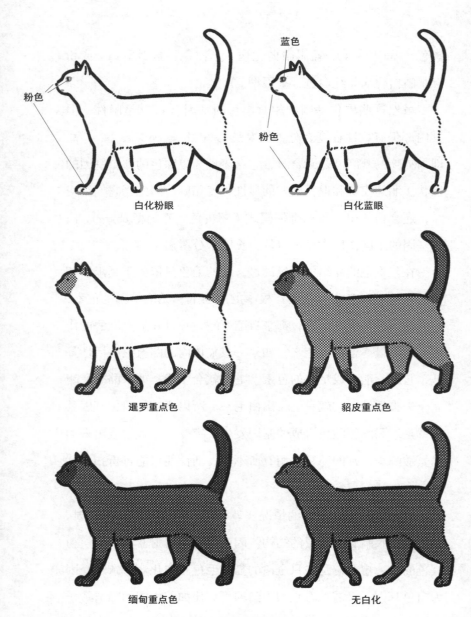

粉色

蓝色

粉色

白化粉眼

白化蓝眼

暹罗重点色

貂皮重点色

缅甸重点色

无白化

白化基因的类型

蓝的鸳鸯眼，由此可以判定它们的白毛并不是白化病所致。

不过在德文雷克斯猫中，却有一些例外，这些猫会有淡粉色或蓝粉色的眼睛，但身上的毛不一定全白。其实这些小伙伴的身上也有白化基因，但这些基因在胚胎发育过程中，仅仅在那些影响眼睛的细胞中被激活了，而其他器官并未受到影响。这是不是很奇妙？其实这叫作基因的"镶嵌现象"。

首先，来复习一下简单的生物学知识。在普通情况下，生命从受精卵开始，细胞依规律分裂，忠实地将染色体复制到子代的细胞里，最终组成身体。因此，一般来说，基因是一项专属于自己的稳定特征，像指纹一样。然而，现在有越来越多的研究发现，基因并不仅仅在猫与猫之间有差异，在同一个身体里，在细胞与细胞之间也可能存在差异。简单来说，在猫的身体里，在心脏细胞与肺脏细胞之间会分析出不同的基因信息。这就是镶嵌现象。当镶嵌现象发生在本身染色体数目异常或有其他遗传疾病的猫身上时，可能会使该症状减轻，因为镶嵌现象意味着猫身体里有一部分细胞是带有未突变基因的。

在缅甸模式、暹罗模式和东奇尼模式下，白化基因对猫毛的影响就没有那么极端，但存在一个非常有意思的情况。这三种模式的基因型会导致编码出来的酪氨酸酶在稳定性上有不同程度的降低，从而使其变得对温度极为敏感。温度较低时，这种突变的酪氨酸酶尚能正常发挥功能，但当温度升高，超过33摄氏度时就会失活，无法正常为猫制造所需的色素。

比如一只暹罗猫，在妈妈肚子里的时候温度有保障，因此它刚出生的时候是白色的。出生后，它的四爪、尾巴、耳朵和脸部的温度要比体温低上几摄氏度，因此分布于这些部位的酪氨酸酶还能工作，其产生的色素让这里长出来的猫毛呈现深棕色。但躯干部位的温度高，不耐热的酪氨酸酶大多数就罢工了，长出来的猫毛也就成了乳黄色（见下图）。所以暹罗猫和缅甸猫，以及用这两种猫培育出的品种猫到了冬天毛色就会变深，到夏天则可能又白回来一些。这可不是因为它们冬天和夏天长的毛不一样，若是在冬天多给猫开暖气，那它们就不会变黑啦。

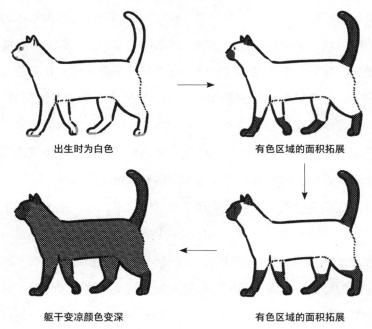

出生时为白色　　　　　　　　　　有色区域的面积拓展

躯干变凉颜色变深　　　　　　　　有色区域的面积拓展

缅甸模式、暹罗模式和东奇尼模式下受温度控制的色素沉积示意

斑猫

之前的两节内容是不是让你惊叹于猫咪毛色的变化多样？闭上眼睛想一下，有没有觉得还缺少点什么东西？"老虎不发威，你当我是病猫"这句话你一定听过吧，既然猫能被当作老虎，那一定少不了标志性的虎式斑纹才对。

前文讲了很多猫毛的颜色，虽然千变万化，但唯一不变的就是一根猫毛的颜色是统一的。想要猫的身上长出斑纹，就不仅仅要对颜色下手，还要对每一根猫毛上的颜色分布下手才行。而想要调整一根猫毛上的颜色分布，就需要一个叫作"刺鼠肽"的基因和一个名为"TABBY"的基因出场。

只要是猫，身上就有 TABBY 基因，这个基因决定了猫身上会出现什么样的斑纹。请注意，这就是说，纯色猫的身上也都携带了 TABBY 基因。但是 TABBY 基因所包含的斑纹信息究竟能不能在猫身上显现出来，就要看刺鼠肽基因的表现了。

刺鼠肽基因是一种显性遗传的基因，也就是说，如果一只猫的刺鼠肽基因是显性的，它就可以改变猫毛发轴中黑色素的沉淀方式，让毛色遵循 TABBY 基因里的信息显现出斑纹。但如果刺鼠肽基因为隐性，那么 TABBY 基因的斑纹信息就不会出现，猫就只能是一只纯色猫。

这条规律在黑色系的猫中没有丝毫问题，但是在橙色系的猫中出现了例外。请闭上眼睛在脑海中描绘出一只橘猫，然后把注意力放到它的毛色上，它是纯橘色的吗？是不是在你的印象中，橘猫其实身上多多少少都有斑纹？这就是例外。显性的刺鼠肽基因可以作用于橙色系的猫，让它们显现出 TABBY 基因中所包含的斑纹信息。但是，当刺鼠肽基因呈隐性的时候，橙色系的猫由于其控制褐黑素的基因是上位基因，依旧可能出现斑纹，成为一只"假斑猫"。

对"假斑猫"的形成机制以及斑纹信息，人类的研究还不充分，不过对于"真斑猫"，人类已经找到了一些规律。比如，控制猫斑纹形状的 TABBY 基因一共有四种：鲭鱼斑、经典斑、点斑和少纹斑。相应的斑纹形式如下页图所示，无论哪一种 TABBY 基因，猫的脑袋上都会有小老虎的斑纹。这四种斑纹是由 TABBY 基因上的三个等位基因来实现的，其中少纹斑为显性基因，鲭鱼斑也是显性基因，经典斑则是隐性基因。无论鲭鱼斑还是经典斑都可以和另外的修饰基因协同合作，使得猫的斑纹呈现出点斑的斑纹（鲭鱼斑断成的点斑较小，经典斑断成的点斑较大）。

在刺鼠肽基因的作用下，单独的猫毛根据 TABBY 基因中含有的斑纹信息呈现出浅色或深色，当这些猫毛连成一片时，就会在视觉上产生斑纹的效果。例如，黑色和棕色条纹代表猫的本色是黑色，橙色和奶油色条纹代表猫的本色是橙色。这时，如果还存在"银色基因"或"广谱带基因"，那么虎斑纹上还会有"银化"和"金化"的叠加作用。

人靠衣装，猫靠毛装，这里面的学问可不少。上面的内容只是关于猫毛的基础知识，若要了解更为详尽的遗传学信息，可以去查看一些学术文章。

鲭鱼斑

点斑

经典斑

少纹斑

额头有一个"M"

虎斑猫的基础类型和面部特征

秃顶困扰

虽然猫无毛是一种自然发生的基因突变，但在人类孜孜不倦的努力下，这种突变被保存了下来，并且人们培育出了一种新品种，叫作"斯芬克斯猫"。

如果两只短毛猫彼此相爱，那它们会生出长毛猫宝宝吗？

这不是不可能的事情。猫的长毛基因是隐性的，用 a 来表示，只有 aa 的基因型才能拥有长毛。若两只携带长毛基因的短毛猫（Aa 基因型）生出了宝宝，那其中就有 25% 的可能性出现一只长毛猫。虽然这里简单地用 a 来表示猫的长毛基因，但人类对猫进行 DNA 分析后发现，猫在不同的时间段内独立地发生了 4 种长毛突变。

虽然早期猫科动物的遗骸无法告知人类猫毛的长度（因为猫毛都烂了），但埃及艺术作品中描绘的猫科动物都是短毛的，而且是现代家猫的亲本品种非洲野猫。那么长毛猫究竟是从何而来的呢？

第一种理论是"杂交起源派"。19 世纪，有人曾提出安哥拉猫和波斯猫并不源自非洲野猫，而是源自兔狲（学名 *Felis manul*）。这个说法在 1868 年被达尔文引用，他在《动物和植物在家养下的变异》（*The Variation of Animals and Plants Under Domestication*）中写道："大型安哥拉猫或波斯猫在结构和习性上是所有家养品种中最独特的，可能是中亚兔狲的后裔，但没有确凿的证据。"那时候坊间也流传着兔狲可以与家猫杂交产生后代的传言。但要引入兔狲的基因，两者杂交的后代必须具有可育性，继续繁殖并呈现家猫的性状。1907 年，英国动物学家雷金纳德·波科克（Reginald Pocock）为皇家动物学会描述了各种各样的英国家猫，强烈驳斥了兔狲为猫祖先的理论，论据是兔狲的头骨与波科克时代的安哥拉猫和波斯猫的完全不同。现代遗传学研究也表明，兔狲并没有为家猫的基因做出贡献。

另一种杂交起源的说法认为波斯猫是沙漠猫（学名 *Felis margarita*）的后代，因为它们的爪子上都有长长的毛，并在底部形成一个垫子。但波斯猫和沙漠猫两者身上和脚上的毛的长度并不支持这一说法。此外，波斯猫脚上的长毛源自它们的被毛，在爪子下面并不长毛。而沙漠猫的爪子下面长有可以抵御地表炎热的长毛。同样，没有基因证据表明沙漠猫对家猫基因库有过贡献（如今沙漠猫和家猫杂交已经获得成功）。

"杂交起源派"的理论并没有获得太多人的支持，猫身上的长毛只好再次归结于基因的变异。"基因变异派"中存在两个小队，第一小队认为长毛的出现是由于单基因的突变。有一群猫的基因发生了突变，并通过近亲繁殖将该特性保留在猫的基因库中。从历史文章中可以追寻到一些线索，长毛猫出现在三个地区，分别是俄罗斯、伊朗（波斯古国）和土耳其。最早发现长毛猫的是安哥拉人和波斯人。波斯猫是 18 世纪和 19 世纪初从土耳其、阿富汗和俄罗斯流入的猫发展而来的品种。因此，对长毛猫第一次出现的位置有着两种假设。

在第一种假设中，长毛突变最初发生在俄罗斯，猫出现长毛似乎是为了应对寒冷气候，比如西伯利亚猫；然后传播到了土耳其，形成了安哥拉猫；再传播到波斯，形成了波斯猫；最后通过陆地和海洋的贸易传入周边国家和东南亚，将这种基因融入本地的猫种，形成了长毛型的日本短尾猫，等等。如果真是这样的话，所有的长毛猫都可以追溯至西伯利亚猫。

另一种假设认为长毛猫是在土耳其出现并发展起来的，通过陆路和海上贸易路线散播到了欧洲、中东和远东。这在很大程度上是基于现代波斯品种的假定起源，该品种源自土耳其安哥拉猫、俄罗斯长毛猫和传说中的波斯猫。

第二小队认为猫的长毛突变有可能并不是只发生过一次的历史事件，而是多次持续发生的。这种平行进化意味着相似的寒冷环境可能导致不相关的猫科动物种群在相对较短的时间内通过自然选择进化出相似的特征。比如，根据西方的记载，中国北京周边地区也有过一种长毛折耳白猫，被称为 Sumxu（西班牙语中松鼠的意思），这种猫在 18 世纪被描述过几次，最后一次报告是在 1938 年。

如果两只短毛猫彼此相爱，那么它们会有可能生出无毛猫宝宝吗？

这是不可能的事情，除非这只小猫发生了基因变异。无毛猫曾在世界各地出现过，早在 1830 年，拉丁美洲就报道过一只无毛猫。随后，这种突变在法国、奥地利、捷克、英国、澳大利亚、加拿大、美国、墨西哥、摩洛哥和俄罗斯都被发现过。

1893 年 10 月 1 日，美国北卡罗来纳州威尔明顿市的《威尔明顿信使报》（*The Wilmington Messenger*）描述了一只随机突变的无毛猫，报纸上写道："昨天有人向我们展示了一只奇怪的自然怪物，它的样子是一只没有毛的猫，或者说是半狗半猫。这只怪物非常像一只没有毛的墨西哥狗，但确实是猫形的，性格也像小猫一样顽皮。它的耳朵和爪子都很大，当它坐着抬起头来的时候，从脖子到前脚看起来都很像一只狗。它是一窝小猫中的一只，现在四周大了。其他小猫都有毛，外表自然，几乎没有那只奇怪的猫的一半大。这只无毛猫不仅比其他四只小猫长得壮，而且更聪明，特别有活力。"

虽然猫无毛是一种自然发生的基因突变，但在人类孜孜不倦的努力下，这种突变被保存了下来，并且人们培育了一种新

品种，叫作"斯芬克斯猫"。这一品种是从 20 世纪 60 年代开始通过选择性繁育发展起来的。1966 年，加拿大多伦多诞生了一只名叫普鲁内（Prune）的无毛小猫。这只小猫和妈妈再次交配（这被称为"回交"，是由子一代和两个亲本中任意一个进行杂交的方式。在遗传学研究中，常利用回交的方法来加强杂种个体的性状表现），又生了一只无毛的小猫。

多伦多大学毕业的利雅得·马波（Ridyadh Bawa）和他的母亲雅尼亚（Yania）把这些猫买了下来，确认了斯芬克斯猫的无毛基因属于常染色体隐性遗传，并以此制订了繁育计划，使小猫最终能够繁殖。他们最初通过 CFA 获得了这个新品种的临时地位，但 CFA 在 1971 年暂时撤销了这一品种，因为当时 CFA 委员会对这个品种的生育能力感到非常担忧。作为第一批繁育人，他们关于斯芬克斯猫的遗传学知识相当欠缺，面临着许多问题。由于基因库非常有限，许多小猫最后都死了。在存活的猫中，许多母猫患有突然抽搐的病症。

欧洲和北美的饲养员们开始努力完善这一品种，将斯芬克斯猫与正常的猫杂交，然后再回交，选择身体和心理素质最好的小猫，使这一品种延续下去。经过多年的选育，他们培育出了一个具有广阔基因库的健壮品种。2002 年，CFA 最终接受斯芬克斯猫参加锦标赛。2006 年，一只斯芬克斯猫成为 CFA 年度猫咪。次年，年度猫咪的获奖者又是一只斯芬克斯猫。

斯芬克斯猫的皮肤有着麂皮的质地，一些皮肤表面还留有细细的毛，另外一些完全没有毛。除了没有毛这一特征，斯芬克斯猫的胡须也很短，或者完全没有。它们的头又窄又长，脚上有蹼，皮肤上有常见的斑纹。因为斯芬克斯猫没有毛，它们比有毛的猫更容易损失体温。这使得它们摸起来很暖和，抱起来会比平常的猫暖4摄氏度，但这也驱使着它们本能地寻找热量，斯芬克斯猫都是大胃王。

值得一提的是，斯芬克斯猫是无毛猫，但无毛猫可不止斯芬克斯猫一种。无毛猫有六大品种，其他五个小伙伴分别是顿斯科伊猫、彼得秃猫、勒夫科伊猫、巴比诺猫和精灵猫。其中顿斯科伊猫和彼得秃猫都是独立于斯芬克斯猫的无毛猫品种，勒夫科伊猫是顿斯科伊猫和苏格兰折耳猫的杂交品种，巴比诺猫则是斯芬克斯猫和曼基康猫的杂交品种，最后的精灵猫是一种非常新而罕见的杂交品种，是斯芬克斯猫和美国卷耳猫的杂交品种。

眼睛是
基因的窗户

即便环境中的光线比较微弱，
猫也可以把眼睛中的瞳孔放大
到球面90%左右来吸收光线。
微弱的灯光就可以让它们在环
境中畅行无阻，发现猎物。这
就是为什么即使是在关灯的情
况下宠物猫还是会精准地踩在
主人的肚子和脸上。

撑起猫咪颜值的元素一定少不了眼睛这一项。猫的眼睛美丽、清澈、丰富多彩，仿佛藏着整个宇宙，常常让人觉得是一种神秘的存在。

　　生活在温带地区的野猫通常有着淡褐色的眼睛，但是宠物猫的眼睛颜色有蓝色、绿色、黄色、橙色和棕色等（见附录5"猫眼识别指南"）。这里说的眼睛颜色其实指的是虹膜的颜色。和人类一样，猫的虹膜有着多变的色彩，其中一些颜色和猫的疾病、品种和毛色有着潜在的关系。来简单梳理一下吧。

　　影响猫眼睛颜色的主要因素有两个：虹膜色素沉淀和蓝色反射。

　　虹膜有两层：里面一层包含产生黑色素的色素细胞；外面一层是基质，由排列松散的细胞构成。覆盖在虹膜基质后表面的上皮含有紧密排列的细胞。虹膜基质和上皮都产生黑色素，但数量不同。虹膜的色素沉淀是由黑色素引起的，颜色从柠檬黄、淡褐色到深橙色或棕色不等。

　　除此之外，猫眼睛的透明结构就像一块玻璃，可以吸收和反射光线。从正面看，这块"玻璃"是无色的；但从侧面看，它往往呈现绿色或蓝色。基质中纤维细胞的大小、间距和密度决定了它如何反射和折射光线，也就决定了蓝色的深浅。因此，如果没有色素沉淀，猫的眼睛本身可以呈现出从浅蓝色到紫罗兰色的颜色。如果蓝色反射和虹膜色素沉淀的颜色相结合，就可以产生多变的眼睛颜色。也就是说，一只猫就像透过一扇蓝色的窗户看世界，蓝色影响看到虹膜中其他色素的方式。

除此之外，在猫的眼睛内部也有着一些色素沉积，猫的视网膜后面有一层反光组织，叫作反光膜，它能将光线反射回眼睛，还能帮助猫咪在弱光下看东西。这就是为什么人们用闪光灯拍猫时会发现照片中猫的眼睛在发光。

猫的眼睛即使是同一种颜色，在色调上也会有很大的差异。在任何一种颜色里都可以发现连续的色调变化。比如，在蓝色眼睛和绿色眼睛之间可以找到海绿色的眼睛，在绿色眼睛和黄色眼睛之间也可以找到柠檬色的眼睛。这是因为虹膜色素沉淀和透明结构色素均受染色体上不同位置的多个多基因的控制。多基因的不同组合导致了色调的连续，同窝的小猫从父母那里继承这些多基因的不同组合，因此可能产生不同的眼睛颜色。

最终，眼睛的颜色种类和色彩强度取决于眼睛中色素细胞的数量和活性水平。如果没有色素细胞，眼睛就会呈现蓝色，或者在极少数情况下，由于血管的颜色而呈现粉红色。色素细胞数量少的眼睛会呈现绿色，活性较低的色素细胞产生的是浅绿色，而活性较高的色素细胞产生的是深绿色。同样，橙色范围可以从浅琥珀色一直到深铜色。色素细胞的活性水平是由基因决定的，因此繁育人可以选择性地培育出更深或更浅眼睛颜色的猫。

有些猫的眼睛颜色与其猫毛的颜色有关，因为大多数的品种猫虽然拥有各色的眼睛，但是猫主人在繁育时往往会选择某一些特殊的眼睛颜色，使其与猫毛的颜色相协调，并把这种颜色写入品种标准。人类一般都喜欢纯种的黑猫有鲜艳的橙色眼睛，但其实在猫群中，很多黑猫都长有绿色的眼睛。比如，英国早期的爱猫者培育出的许多品种都要求猫眼睛呈橙色，当时他们认为只有明亮的橙色才与其毛色互补，若猫拥有浅绿色或黄色的眼睛则被认为是不合格的。

一只小猫生下来时就有蓝色的眼睛，成年猫眼睛的颜色大约会在 6 ～ 7 周龄时开始形成，有的可能要到 3 ～ 4 个月大时才会真正完全呈现。但是有一些猫两只眼睛的颜色会不一样，被称为"异瞳猫"。异瞳猫的出现可能是遗传、先天发育缺陷或后天疾病、伤害和药物所致。异瞳猫一般一只眼睛是蓝色，另一只眼睛是橙色、绿色或黄色。一般纯种的异瞳白猫有着一只蓝色眼睛和一只橙色或琥珀色的眼睛，但在随机繁殖的猫中，非蓝色的那只眼睛可能是黄色、绿色或棕色。除此之外，还有些异瞳白猫，它们的一只眼睛有反光膜（绿色的眼睛在黑暗中发光），而另一只眼睛没有反光膜（红色的眼睛发光）。

这种天生异瞳的现象在猫、马和一些品种的狗中很常见，不过在人类中却并不常见。在猫身上，并没有特定的基因来控制异瞳，异瞳与白斑基因和白色基因有关。这些基因在胚胎期阻止了色素的产生，除了作用于猫毛色素，也作用于虹膜色素。如果一些色素细胞在其中一只眼睛区域保持活跃，就能使这只眼睛变成绿色、琥珀色、棕色或黄色。

除了白猫之外，偶尔一些其他毛色的猫也会出现异瞳。如果在猫出生时就存在，那可能是先天缺陷，嵌合胚胎，或形成皮肤和眼睛某些细胞的体细胞发生了突变。这些原因造成的异瞳都不是遗传的，因此也不会传给下一代的小猫。

比异瞳猫更为罕见的是当不同数量的色素细胞，或具有不同活性水平的色素细胞出现在一个虹膜的不同区域时，出现部分异色，也就是一只眼睛中有两种不同的颜色。有可能表现为在某一个颜色的虹膜周围带有另一个颜色的环。更少见的情况是在虹膜中可能有一个明显与其他区域颜色不同的区域，例如蓝色或绿色眼睛中有一块棕色区域。一些白猫也有这种情况，白色基因没有影响整个虹膜的色素沉淀，而只影响虹膜的一部分。这时，猫的一只或两只眼睛都可能受到影响。如果两只眼睛都受到影响，就可能会出现镜像效应。

还有一种更罕见的情况，那就是一只猫的眼睛呈现出了自己的颜色，但是在成年后慢慢又退回到了蓝色。有一只叫作巴图的欧西猫，出生于 2014 年 6 月，它拥有黄褐色的斑纹和黄绿色的眼睛。从 1 岁的时候开始，它眼睛的颜色慢慢地从黄绿色变成了蓝色。到了 2017 年，它就有了一双鲜艳的蓝眼睛。巴图是同窝五个兄弟姐妹中唯一发生这种情况的猫。这是一种罕见的情况，暂时没有得到任何解释。不过在人类中有一种类似的情况叫作获得性虹膜异色症，在这种情况下，人的一只眼睛（很少会两只眼睛同时变色）会在以后的生活中改变颜色。

对人类来说，眼睛色素的丧失通常与疾病或创伤有关。

无论是哪种颜色的眼睛，猫所看到的世界和人类的都不一样。人类视网膜拥有红、绿、蓝三种视锥细胞，它们能分别感知可见光谱上的一段。这三种视锥细胞敏感性最高的波长分别为 560 纳米、530 纳米和 430 纳米。各种波长和不同强度的光组合在一起进入人类的眼睛，人就能看到不同的颜色。但是，猫的视锥细胞只有绿色和蓝色两种。其实，大多数哺乳动物都只拥有两种视锥细胞。所以，猫只能分辨有限的颜色，比如灰色、绿色、蓝色和黄色。因此猫也是红绿色盲，在它们的眼里，红色的物体是深色的，而绿色物体发白。所以当它们看红绿灯、红色绿色的玩具时，它们看到的是不同形状的灰色阴影。

虽然在对颜色的感知度上猫比人类弱了一筹，但是在感知光线的视杆细胞数量上猫远远胜过了人类。在视杆细胞和视锥细胞的比例上，猫有人类的近 6 倍之多。所以说，即便环境中的光线比较微弱，猫也可以把眼睛中的瞳孔放大到球面 90% 左右来吸收光线。微弱的灯光就可以让它们在环境中畅行无阻，发现猎物。这就是为什么即使是在关灯的情况下宠物猫还是会精准地踩在主人的肚子和脸上。

猫的动态视觉能力也非常强，非常善于捕捉运动中的物体，比如家里飞进了一只苍蝇，你的宠物猫可能会兴奋到像打了鸡血一样。但是相反，猫的静态视觉能力就实在让人不敢恭维了，这也是为什么逗猫玩具中逗猫棒和激光笔会是它们的最爱，而对那些不会动的小玩意它们就会很快失去兴趣。

猫对环境中的细微变化有一种本能的敏感。当视觉中的画面有一点点的改变，比如在平常看习惯的客厅的角落突然多了一只壁虎，人类未必会那么及时发现壁虎的存在，但是猫能马上发现：这个角落多了一个新东西，可能是猎物！

除了这些理论上的知识外，猫的眼睛还是它们心情的窗户。细心的猫主人一定会发现猫的眼睛有时候变得细细的，有时候变得圆圆的。眼睛的这种变化除了是因为光线刺激而产生的之外，其实也有可能是因为猫的心情产生了变化。

当猫感到好奇或者专注的时候，它们的瞳孔就会变得圆圆大大的。比如，主人拿起了逗猫棒要开始和它们玩耍时，猫就会把瞳孔放大，因为它们一刻都不想错过猎物的变化。当猫感到放松的时候，瞳孔就会变成适当的大小。而当猫感到满足的时候，比如被你撸得咕噜咕噜时，或者吃饱很开心的时候，瞳孔就会变得细细小小的。不过还是要根据猫的其他动作和情境来进行综合判断，比如，当猫接收到危险信号的时候瞳孔也会放大，用来快速地接收环境中的所有变化和信息。尤其是当你看到猫的瞳孔已经要撑满整个眼珠子的时候，有可能代表它们此时正感受到剧烈的恐惧和威胁。

如果你抱着一只猫出门遛弯，把它放下后它就地坐了下来，这时候你就可以观察它的眼睛来判断它是因为开心而懒洋洋地趴下，还是被吓得一动都不敢动。

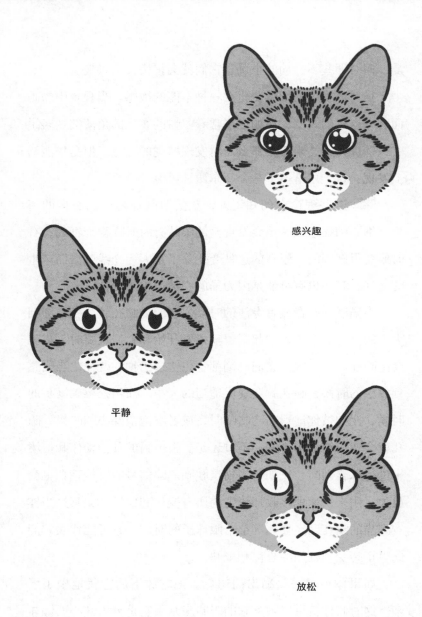

感兴趣

平静

放松

会说话的猫眼

猫耳不只是
可爱那么简单

如果想知道一只趴着的猫是身体不舒服还是纯粹的懒洋洋，可以试试摸摸它的右耳。

猫的耳朵和其他哺乳动物的耳朵非常相似，包含了三个结构区域：外耳、中耳和内耳。外耳是由耳郭（头顶的外部三角形部分，当谈论猫的耳朵时，人们通常会想到它）和耳道组成的，耳郭捕捉声波，并将其通过耳道传到中耳。猫的耳郭可以独立地转动和移动，猫可以像使用雷达一样使用它，把它转向声源的方向，这将猫的听觉灵敏度提高 15% ~ 20%。

大多数的"铲屎官"都会告诉你，他们的猫有着非常灵敏的听觉，但到底有多灵敏呢？猫的听力范围是 45 赫 ~ 64 千赫，狗的听力范围是 67 赫 ~ 45 千赫，而人类的听力范围通常固定在 20 赫 ~ 20 千赫。在人类的家养宠物中，猫的听觉应该是数一数二的。当然，这样优异的听觉并不仅仅是为了听"铲屎官"回家的脚步声。猫是天生的掠食者，这样的听觉有助于它们发现更多种类的猎物，也能让它们尽可能地躲避自己的掠食者。

猫的中耳由鼓室、鼓膜、听小骨和咽鼓管组成，听小骨在声波作用下振动，并将这些振动传递到内耳。在内耳中，螺旋器的感觉细胞通过移动和弯曲对振动做出反应，通过听觉神经向大脑发送电信号进行处理。内耳还包含前庭系统，有助于保持平衡和空间定向。内耳所处的位置以及内部感觉器官的作用意味着当猫的内耳感染时会同时影响其听觉和前庭功能。因此，一只内耳感染的猫可能会出现头部和身体向一个方向倾斜的现象。

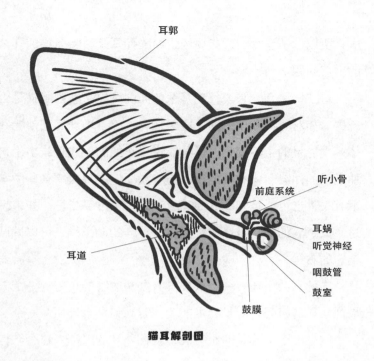

耳郭

听小骨

前庭系统

耳蜗

听觉神经

咽鼓管

鼓室

耳道

鼓膜

猫耳解剖图

尽管猫的耳朵和其他哺乳动物的耳朵有很多相似之处，但从解剖学角度来看，在生理层面上还存在一些差异。猫的中耳有一个隔膜，把中耳分成了两个"隔间"，这使得宠物医生很难彻底解决猫的中耳感染问题，内侧的那个"隔间"药物往往很难到达。

通常情况下，猫的耳道有一种自我清洁机制，它们并不需要"铲屎官"帮忙保持耳朵的卫生。事实上，试图清洁猫的耳朵反而会导致猫咪出现一些问题。猫是一种非常敏感的动物，当人们把东西放进它们的耳朵里时，它们很容易产生应激反应，所以"铲屎官"没必要经常给猫掏耳朵，除非猫的耳朵真的出现问题。

对"铲屎官"来说，猫耳朵的温度可以帮助判断猫是否有压力。猫对恐惧和压力的反应包括肾上腺素增加和其他导致身体产生能量的生理变化，部分能量以热能的形式释放出来，增加了猫的体温。猫右耳的温度与应激反应中释放的某些激素水平有关，这可能是判断其心理应激的一个可靠指标。如果想知道一只趴着的猫是身体不舒服还是纯粹的懒洋洋，可以试试摸摸它的右耳。

猫的耳朵中还有一个人类没有办法解答的秘密。一个人如果观察猫的时间足够长，可能会注意到猫耳朵外面有一个小口袋。它是一个毛茸茸的小口袋，就在外耳的底部。这个结构的正式名称叫作"皮肤边缘袋"，或者叫"亨利的口袋"。这个小口袋本质上只是一个皮肤褶皱，在猫、蝙蝠和狗身上很明显。"亨利的口袋"位于耳郭两侧，有人猜测其在动物狩猎或玩耍时可以通过降低低音来帮助动物探测高音，使动物的听觉更为灵敏。然而，这只是一个假设，至今为止，人类还没有理解这个小口袋的用途，唯一可以肯定的是，"亨利的口袋"是寄生虫喜欢出没的地方。

现在回过头来继续观察猫耳朵的形状。猫耳通常呈直立状，三角形。但若仔细分辨，不同猫耳之间的差异并不小，大小和形状都不尽相同，尤其是在不同的品种猫之间。比如，波斯猫是小小的耳朵，而暹罗猫是像蝙蝠一样的喇叭状耳朵。有些品种猫的耳朵底部比其他品种更宽；有些品种猫的一对耳朵在头顶挨得很近；还有些品种猫的耳朵很宽，中间隔着宽阔的前额。根据品种的不同，猫耳朵的顶端呈现出圆形、尖形、簇状或流苏状。除此之外，有的猫因为罕见的基因突变，在正常的耳朵后面有一对更小的耳朵。这对小耳朵并不能用来听到声音，耳朵内部并没有中耳和内耳的部分。

除了上述一般猫耳朵的形状，猫的世界里还有两种比较特殊的耳朵形状，第一种是向前折叠，第二种是向后弯曲。耳朵向前折叠的猫被称为"折耳猫"，如今一般指的就是苏格兰折耳猫和这一品种后续在美国繁殖出的长毛高地折耳猫。折耳猫是耳朵有基因突变的猫，这种猫的耳朵软骨部分有一个折，使它们的耳朵向前弯曲。产生这样的耳朵要归咎于一个名为"Fd"的基因，这个基因和猫的软骨生长有关。当猫带有 Fd 显性基因时，软骨的生长就可能变得不正常，最直接的表现就是猫的耳朵立不起来。

正常猫的这两个等位基因都是隐性，其基因型写作 fdfd，这时它的耳朵就是直立的。如果这两个等位基因中有一个是显性的，猫的基因型写作 Fdfd，猫可能是折耳也可能不是折耳。但是，如果一只猫是 FdFd 基因型的，那它就铁定患有"苏格兰折耳猫骨软骨发育不良症"，耳朵就一定立不起来。在出生几个月到几年后，这只可怜的猫咪的四个爪子和尾巴的骨骼就会发生畸形，走起路来会一瘸一拐，动作也会格外僵直，尾巴则会变得又粗又硬，不能随意摇动。现在的研究认为，哪怕是 Fdfd 型的猫，骨骼发生病变的危险也会增加，只不过与 FdFd 型的猫相比，发病的程度更轻，发病时的年龄更大而已。

这种猫之所以叫作苏格兰折耳猫，是因为这个显性基因性状是在 1961 年的苏格兰发现的。苏格兰折耳猫的始祖是一只名为苏西的白色长毛猫，它的耳朵中间有一道不寻常的折，这道折让它的耳朵耷拉着，看起来就像一只猫头鹰。后来，苏西和一只英国短毛猫交配并成功怀孕，生下的小猫中有一对白猫遗传了这种耷拉着耳朵的性状。这对小猫中的一只白色雌猫后来被一个叫威廉·罗斯（William Ross）的人收养了，罗斯随后向英国爱猫协会登记，由于这种猫独特的遗传性征而取名为"折耳猫"。

遗传学家帕特·特纳（Pat Turner）知道这只猫后找到了罗斯，开始和他一起繁殖这种苏格兰折耳猫，在头三年，总共孕育了 76 只小猫，其中有 42 只是折耳。没过多久，这些折耳猫的四肢、尾部和关节开始变得畸形，以致在 1974 年英国爱猫协会不再承认该品种，并且限制这种猫参与猫展。不过在 1971 年，罗斯的妻子送了一些苏格兰折耳猫给一位美国遗传学家，苏格兰折耳猫在大洋彼岸的美洲开始继续繁衍。

经过和英国短毛猫、异国短毛猫和美国短毛猫的杂交繁育，苏格兰折耳猫严重的关节畸形现象得到了控制，但目前在市面上所购买到的苏格兰折耳猫仍会出现软骨异常增生、行动不便、呼吸道狭窄、心血管疾病等问题。毕竟在基因的力量面前，任何细心照顾、科学繁育、爱心饲养都显得杯水车薪，所以很多人都呼吁不要再继续繁育苏格兰折耳猫。不过，CFA 和国际爱猫联合会（The International Cat Association，简称TICA）一直对 Fd 基因持有模棱两可的态度，这间接地鼓励了人们继续繁育这种出生即不幸的猫。

跟苏格兰折耳猫的悲伤命运不同，卷耳猫并没有付出特别的代价。第一个被认可的卷耳品种是美国卷耳猫。它的耳朵弯曲向后竖起，摸起来很僵硬。美国卷耳猫起源于 1981 年的一只叫作舒拉密斯（Shulamith）的流浪猫。舒拉密斯是一只黑色长毛母猫，有着奇怪的卷曲耳朵。在被收养后，它生了小猫，其中一些依旧长着卷曲的耳朵。这些卷耳猫在 1983 年的猫展上引起了人们的注意，并在 1985 年得到了新品种的认可。

卷耳猫　　　　　　　　折耳猫

这种突变是一种显性基因，所以一窝小猫中通常既有卷耳猫又有竖耳猫，谁也说不准哪只小猫会长出漂亮的卷耳朵。在出生后的几天里，所有小猫的耳朵都是竖着的，但在接下来的四个月里，一些猫的耳朵会开始慢慢转动，直到达到最后的半卷曲状态。就目前所知，这种基因的突变并没有给猫带来副作用。

　　在确定了卷耳猫的特征后，人们就有可能将美国卷耳猫与其他品种杂交，培育出新的品种。例如，短腿卷耳猫就是美国卷耳猫和曼基康猫的杂交后代。由于卷耳的特征特别受到人们青睐，不少繁育人都在利用美国卷耳猫培育新品种猫。

　　若是美国卷耳猫和苏格兰折耳猫杂交，结果会怎么样呢？虽然人类知道出生的猫很有可能会经历痛苦的一生，但依旧有好奇者做了这样的尝试。结果就是出生的猫两只耳朵会向后折叠得非常厉害，仿佛卷耳基因翻转了折耳的方向。人类为了得到异宠，在繁育的道路上常常戴着上帝的面具做着恶魔的勾当。

心情的晴雨表

想要把猫尾语融会贯通有一个
先决条件，那就是你的猫必须
有尾巴。不要诧异，这个世界
上并不是所有的猫都有尾巴。

由于猫和人类是如此不同的动物，理解猫以及与猫交流对人类来说不是一件容易的事情。有些"铲屎官"觉得猫的表达能力不强，爱猫的喜怒哀乐往往让他们捉摸不透。之前的章节已经提到过，猫的耳朵和眼睛的一些变化能够表达出猫的想法和感受，除此之外，猫尾巴也具有参考价值，有自成一体的猫尾巴语言。一旦了解了猫尾巴语言，人类就能读懂猫的情绪，识别出给猫带来痛苦或快乐的情境，甚至更快地判断出猫是否生病。

值得庆幸的是，人类学者中的动物行为学家对此做了详尽的研究，帮助"铲屎官"理解猫尾巴语言。虽然对"铲屎官"来说猫尾巴语言是一门必修课，但大多数的猫并不喜欢"铲屎官"把注意力放在自己的尾巴上，也就是去抚摸猫尾巴以及周围的区域。猫主人若是想要和猫互动，请把注意力集中在猫的下巴和耳朵，在这两个区域周围爱抚和抓挠。此外，在抚摸猫的过程中，如果猫的尾巴开始抽动，耳朵向后转，身体逐渐远离你，这表明猫已完成互动，注意力已经转移。

人类学习猫尾语就像学习任何外语一样，需要用心和时间。一旦入门，很快你就能像一个专家一样谈论猫尾巴语言，让你和猫咪之间的关系变得更加和谐和幸福。

这里就献上一本猫尾语词典。

高高翘起的尾巴：当猫的尾巴高高向上翘起，这意味着友好和舒适，表示猫感到快乐和自信，没有任何威胁。这种把尾巴像小旗杆一般竖立着，然后慢慢靠近你的方式是猫在表示对你有好感的信号。这是猫在幼年时期为了让母猫方便舔舐其排泄物而养成的习性。

翘起呈问号形的尾巴：这样的尾巴也是表示友好的一个标志，但些许不同的是，这时的猫是对某事感到好奇。如果发生在小伙伴之间，这就是"来追我呀"之类玩耍的邀请。

尾巴拍打地面：如果一只猫用力拍打尾巴，那就是准备攻击的信号，这种姿势表明猫感到了威胁。

尾巴裹住身体（通常身体直立，尾巴盖住爪子）：这种姿势表明猫对周围的环境感到紧张，它们会用尾巴缠绕自己的身体，让自己感到安全和舒适。猫在冷的时候也会这样做，以此来温暖它们的小爪子。

尾巴向上，前后摆动：很明显，尾巴朝上一般都是好事。如果一只猫的尾巴在前后摆动，那么这意味着猫有点"上头"，它感到很兴奋呢！

尾巴笔直地朝下：一只猫的尾巴笔直地朝下并不是什么好的信号，这表明它现在很激动，很可能具有攻击性。不过，有些品种猫，如波斯猫和苏格兰猫，它们在嬉戏的时候也会倾向于垂着尾巴。

放松耷拉着的尾巴：如果猫的尾巴放松耷拉着，那么它最有可能是在坐着或是在休息，这表示"我现在很惬意"。

左右快速摇着尾巴： 你或许知道狗在高兴的时候会摇尾巴，但是猫可不一样。事实上，猫在被惹恼的时候经常快速摇动尾巴，这时候的猫内心正焦躁不安，很可能会进一步发展为撕咬等攻击行为，看到这个信号千万不要去逗猫！

把尾巴藏了起来： 如果一只猫把尾巴藏在自己的身体下面，那它一定是遇到了不可战胜的强大对手，或者对当下情境感到十分恐惧。这个时候猫还往往会把自己的身子缩起来，使自己看上去弱小一些，借此来表达"我输了，我投降"的意思。

膨大的猫尾巴（通常同时猫会背部拱起）： 这是经典的万圣节猫造型。这样的尾巴只意味着一件事，那就是恐惧。猫正在鼓起尾巴，让身体看起来更大一些，有点虚张声势的意思。比如，猫在没准备的情况下遇见了敌人，或者突然听到了意外的巨大响声。这时你最好和它保持距离，不要以任何理由试图和这种姿势的猫互动，这只会给它造成更大的压力。

慢慢地前后摇摆着，还有点抽动： 当猫专注于某样东西时，比如飞舞的苍蝇，它就会做出这种尾巴运动。当猫处于捕猎模式时，尾巴会前后摆动，以此来迷惑猎物。

猫的尾巴绕在了你身上： 相信这是"铲屎官"最喜欢猫做的事情之一，不要怀疑，这是爱的象征！

一只猫的尾巴缠着另一只猫： 当你看到一只猫对另一只猫这样做的时候，就好像这只猫在拥抱另一只猫一样，不要怀疑，这表明了猫与猫之间的甜蜜关系。

被呼唤后摇起了尾巴：当你叫了猫的名字后，有的时候它会喵喵叫着回应你，但有的时候它只是轻轻摇动几下尾巴。这种差异是由于猫的情绪模式不同，如果猫正处于"幼猫模式"中，想跟主人撒娇，那么它就会喵喵叫着回应你；如果猫此时处于"成年模式"，对你的呼唤它就只会简单摇动几下尾巴来回应。这表示猫已经知道你是在叫它，但是还要特地开口回应你太麻烦了。

怎么样，有没有成为猫尾语大师？想要把猫尾语融会贯通有一个先决条件，那就是你的猫必须有尾巴。不要诧异，这个世界上并不是所有的猫都有尾巴。

来了解一些关于猫尾更为基本的知识吧。一只正常猫的尾巴平均有 21 ~ 24 节椎骨，正常范围为 18 ~ 28 节椎骨，平均长度为 25 厘米，正常范围是 20 ~ 30 厘米，一些特殊品种的猫的尾巴可以超过 35 厘米。

正常猫咪的尾巴都是直的，但如果基因变异，就会长出各种卷尾巴的猫。1940 年，美国动物学家艾达·梅伦（Ida Mellen）写过一篇讨论猫尾巴怪异之处的文章，里面就记录了弯曲的、被剪短的，甚至是双尾巴的猫。1868 年，达尔文在《动物和植物在家养下的变异》一书中也写道："在马来群岛、泰国和缅甸等大片地区，猫科动物的尾巴都被截短到了大约一半的长度，尾巴末端往往有一个结。"

这种猫叫作短尾猫，虽然同名，但并不是猫科动物下的另

友好

好奇

警觉

放松

恐惧

高兴

焦虑

惊吓

猫咪尾巴语言

一种动物——短尾猫（*Lynx rufus*，又称红猞狸），它们的尾巴上会有一个扭结，这个扭结会对脊椎产生影响，因此尾巴不能被拉直。短尾猫基因的突变在亚洲很普遍，最远的地域可以延伸到俄罗斯。早期暹罗猫中就有弯曲的尾巴，如今在泰国的暹罗猫中仍然可见。泰国皇室有养猫的传统，在一个传说中，一位公主在洗澡时把她的戒指交给了一只宫廷猫，她把戒指穿在猫的尾巴上，猫把尾巴打了个结，这样戒指就不会掉下来，因此，这个戒指在尾巴的扭结上留下了印记。

短尾的基因变异在不同的地理区域都会独立发生，比如在日本就有日本短尾猫，也就是"招财猫"的原型，在美国有美国短尾猫。在 TICA 将短尾猫注册为正式的猫品种后，人类又开始了混配繁育的大戏。例如，将曼基康猫和北美短尾猫杂交，产生短腿短尾的品种。2006 年，TICA 限制了一些混乱的繁育趋势，遗传学委员会的报告写道："委员会建议 TICA 不再接受任何新杂交而成的短尾品种，只接受没有表现出新的突变的品种登记，目前的突变将只保留给目前公认的品种。"这一举措大大降低了人类对短尾进行无限制杂交混配的热情。不过依旧有繁育人继续对短尾猫新品种繁育进行尝试，比如被称为"田纳西短尾猫"的品种。由于"但凡在美国发现的短尾猫都属于美国短尾猫"这一规定，再加上众多爱猫协会不接受新的短尾猫品种注册，"田纳西短尾猫"的繁育者正在努力让自己的品种进入"珍稀和外来猫科动物登记协会（Rare and Exotic

Feline Registry，简称 REFR）"的名录。

短尾猫虽然尾巴短，但至少还是有尾巴的猫，人类还是能够通过它们的猫尾语判定猫的情绪。但是，如果一只猫没有尾巴呢？

1809 年，英国爱丁堡的一只母猫产下了一窝没有尾巴的小猫，但是这个无尾猫品种并没有被及时繁育下去。20 世纪 90 年代，英国埃塞克斯又出现了一只没有尾巴的侏儒母猫，但是它的排便能力很差，既没有促进排便的神经，也没有帮助排空直肠的尾巴底部肌肉。这些因为基因突变而产生的无尾猫在历史上短暂地出现，仅留下了非常有限的记录。

只有一种无尾猫成功地生存了下来。1837 年，在英国康沃尔和多塞特郡两地的村庄里，有报道称发现了一种没有尾巴的猫。1909 年，这种没有尾巴的品种被称为"康沃尔猫"或"马恩岛猫"。1959 年 1 月，康沃尔郡圣科伦布的布莱克少校（Major Black）在《我们的猫》（*Our Cats*）杂志上发表了一篇文章，其中写道："康沃尔猫通常是一种斑猫，斑点如栗子般大小，前腿短，后腿长。头骨是扁平的，耳朵小而向后仰。康沃尔猫在这个郡很有名，但并不常见。它们的尾巴通常有 3 英寸 [1] 长，总是被紧紧地夹住。它们天生安静，但开口时，声音又响又刺耳。它们是优秀的猎人。"1959 年 2 月，马恩岛的特

1　1 英寸等于 2.54 厘米。

文宁女士（N. S. Twining）写道："康沃尔猫应该和马恩岛猫有亲缘关系，尽管布莱克少校在文章中说它们通常有一条 3 英寸长的尾巴，但事实上它们很少长尾巴。"

其实，布莱克少校的文章并没有错，因为康沃尔郡和多塞特郡的猫可以和周围的猫交配，它们无尾的特征并没有保留下来。但在马恩岛上，由于与其他猫科动物的基因隔离，这种特征被延续了下来。

关于马恩岛猫有许多传说。最普遍的说法是它们是猫和兔子的杂交品种。另一种说法是，马恩岛猫迟迟没有登上方舟，挪亚"砰"的一声关上了方舟的门，切断了这只磨蹭的猫的尾巴。还有一个说法是，古代的战士们把猫尾巴割下来装饰自己，而猫妈妈为了不让小猫受到这种待遇，在小猫出生时就把它们的尾巴咬掉。

马恩岛猫的尾巴当然不是被方舟的大门切断、被战士挥刀斩断或被猫妈妈咬掉的，而是由于基因突变。达尔文在《动物和植物在家养下的变异》中继续写道："马恩岛猫没有尾巴，后腿很长。威尔逊博士（Dr. Wilson）把一只雄性马恩岛猫和普通的母猫杂交，在 23 只小猫中，有 17 只没有尾巴；当雌性马恩岛猫和普通的公猫交配时，所有的小猫都有尾巴，尽管它们通常都很短，而且不完美。"

英国作家约翰·伍德（John George Wood）在他 1853 年出版的《自然图志》（*Illustrated Natural History*）中曾嫌弃地描述

道："马恩岛猫是一个奇怪的品种，因为这种猫完全没有尾巴，尾巴的位置只有一个相当大的凸起。当它们像家猫一样爬上屋顶，沿着栏杆走的时候，最明显的是它们没有了通常的尾部附属物。这种形式的独特变化是如何产生的，非常值得怀疑，而且目前还没有一个正确的答案。这种猫绝不是一种漂亮的动物，因为它们有一种令人不愉快的、古怪的外表，且没有尾巴，所以缺少猫科动物所具有的那种令人着迷的起伏优美的动作。一只黑马恩岛猫，眼睛炯炯有神，尾巴残缺，是最怪异的野兽。"

　　虽然一度被人嫌弃，但是无尾的特性让马恩岛猫得到了一部分人的青睐，并且一代一代繁育了下来。如今，它们已经成为马恩岛的象征，连马恩岛的交易货币上都铸有无尾猫的形象。这种货币又被称为"猫币"，是目前世界上最流行的贵金属纪念币之一。

马恩岛猫币

产生马恩岛猫的主要突变基因是显性基因 M，一般有尾巴的猫是 mm 基因型。如果是杂合子猫（Mm 基因型），猫存在没有尾巴的可能性。同时，这个基因也可能造成猫脊柱和骨盆发育异常和脊柱神经异常，包括失禁或者更罕见的脊柱裂，通常被称为"马恩岛综合征"。患了这种综合征的猫脊椎顶端的椎骨往往比一般的猫短，脊柱椎骨后端的数量较少，可能会融合在一起，导致活动能力下降。另外，这种猫的骨盆和骶骨可能畸形或融合，导致盆腔口过窄，不能轻易排便。马恩岛猫独特的兔子般跳跃的步态一度被认为是一种特征，现在却被认为是一种缺陷。虽然一些繁育人强烈否认马恩岛综合征的存在，但正是由于该综合征的存在，该品种的猫如今被人类用作脊柱裂的动物模型。

纯合子的马恩岛猫（MM 基因型）几乎不存在，因为这样的猫通常在胚胎期就由于神经管严重异常而不能存活。这些胚胎通常在受孕不久后就会在猫妈妈肚子里被吸收，或者成为死胎。这就意味着在统计学上来说马恩岛猫的幼崽比其他品种的猫少 25%，也意味着没有纯种的马恩岛猫。马恩岛猫中母猫的比例异常高，这表明公猫存活的可能性更小。

在对马恩岛猫的繁育中，人类现在小心翼翼地挑选着没有明显脊柱缺陷的猫繁殖后代。信誉良好的繁育人一直在努力消除这些缺陷或减少异常的发生率。经过选择性繁育，如今有缺陷的猫的数量已经大大减少。

交流从气味开始

黑色的猫有着黑色的鼻子，白色的猫有着粉色的鼻子，橘猫有着橙色的鼻子，灰猫有着灰色的鼻子。如果你有一只玳瑁猫或三色猫，那么它就可能有着一个五彩斑斓的鼻子。

鼻子对猫来说是另一个重要的感觉器官。猫是通过鼻子里"嗅上皮"中的嗅觉细胞来感知气味的，猫可以分辨出远在500米以外的微弱气味。猫的嗅上皮展开后的面积有 21 ~ 40平方厘米，而人的嗅上皮面积只有区区 4 平方厘米，再加上猫的嗅觉神经末梢大大多于人类，因此其嗅觉敏感度是人类的20万倍以上。当猫初次来到一个地方，或者初次遇见一个陌生人，等它度过了惊恐时间之后，鼻子就会开始发挥功效。猫会将那些没见过的东西都闻个遍，内心想着："哦哦，这个东西原来是这个气味，好的，我记住了。"它只有把所有新事物的气味都记住了之后才能安下心来。

虽然猫的鼻子在脸上并没有像它大大的眼睛那么好看，但和视觉相比，猫更多依靠嗅觉来判断各种各样的东西。比如，一只猫只要闻了其他猫的尿或臭腺的气味，就能判断出那只猫是"小哥哥"还是"小姐姐"，以及它是不是正在发情期。再比如，刚出生的小猫眼睛没睁开的时候只能靠闻母猫的气味来寻找乳头。

当两只猫在一起时，它们就会凑近对方，互闻对方嘴巴的味道来收集信息，仿佛是在互相打招呼，说："今天吃了什么呀？"只不过因为猫的鼻子比较突出，所以看起来仿佛是两只猫互碰了鼻子。这也就是为什么当你把手伸到猫的鼻子前面时，它会闻你的手指，手指看起来就像是突出的猫鼻，猫会出于一种本能开始闻它的味道。

这种信息交换的方式并不仅限于闻嘴巴，还更频繁地出现在猫互相闻对方的肛门和生殖器时，因为这些器官上的味道更浓郁。当然，这个时候猫的意思并不是"今天的排便顺不顺利呀"或者"嘿，兄弟，你的屎味道怎么样"，猫闻这些部位是为了搞清楚对方的状态。人类只有一张脸，喜怒哀乐的信息都摆在上面。但是猫长了两张脸，除了一张惹得人类喜爱不已的脸之外，还有着一张"肛门脸"。"肛门脸"指的是每只猫所特有的气味，这种气味由位于肛门两侧的肛门腺所分泌出来的物质产生。猫可以通过闻一个同类的肛门区域获得关于这个同类的性格以及心情状态的信息。不过，并不是每一只猫都允许陌生的猫去闻自己的肛门部位。就算是关系很好的两只猫也会放弃去检查对方的肛门，仅仅碰碰对方的鼻子来交流。

猫的鼻子对含氮化合物的臭味特别敏感，对味道不讨它们喜欢的食物，猫瞧也懒得瞧上一眼。这是猫与生俱来的防卫本能，判断食物是否危险，是否为自身所需。对将动物蛋白质作为营养来源的猫来说，它们能够通过气味来判断食物究竟是由哪些蛋白质构成的。食物不同，猫的反应也不一样，这是嗅觉太敏锐的缘故。因此，"铲屎官"若是把放了很久或者腐败的食物端到一只猫的面前，除非它已经饿得眼冒金星，不然一定不会引起它的食欲。由于猫的舌头上没有很多味蕾，嗅觉承担了刺激它们食欲的工作。患有上呼吸道感染或其他鼻腔疾病的猫通常会停止进食，这是因为没有嗅觉就没有胃口，这个时候猫主人可以选择把食物稍微加热一下，增加食物的香气，鼓励猫吃东西。

　　除了臭肉，猫对另一种叫作猫薄荷的植物所发出来的气味也特别敏感，一些猫（尤其是公猫）会被这种气味所吸引，闻了这种气味就会心醉神迷地在地上翻滚。这是因为猫薄荷内含有某种油脂，而这种物质与发情母猫分泌在尿中的物质有着非常相似的化学结构，所以猫薄荷对猫来说是一种非常"性感"的植物。这种油脂成分同样存在于猕猴桃树的枝干和叶子中，因此若摘了猕猴桃树的叶子给猫咪，它们也会开心地在地上打滚。

猫的嗅觉极为敏感，因此一些气味也会让它们很不舒服。比如一些有香味的猫砂，虽然这些气味可能让嗅觉迟钝的人类闻起来感觉很舒服，但可能极度地刺激猫的鼻子。除此之外，猫也不喜欢柑橘、桉树、薰衣草和茶树油的味道。

猫的鼻子除了承担嗅觉功能，还有另一个重要的作用，那就是当作温度计。鼻子是猫全身对温度变化最敏感的地方，感知灵敏度达到了 0.2 摄氏度。猫测试食物的温度靠的就是鼻子，而不是舌头。天热的时候猫寻找凉爽舒适的地方休息，靠的也是鼻子。

猫有时候会伸出舌头舔一下整个鼻子，这个动作背后的作用仍然是个谜。一些动物专家认为，舔鼻子是猫嗅觉的重置按钮，可以去除任何可能干扰其嗅觉的残留物。还有人说舔鼻子与嗅觉无关，实际上是猫焦虑的表现。

猫鼻子的颜色不尽相同，不过绝大多数与其毛的颜色有着非常明显的相关关系。黑色的猫有着黑色的鼻子，白色的猫有着粉色的鼻子，橘猫有着橙色的鼻子，灰猫有着灰色的鼻子。如果你有一只玳瑁猫或三色猫，那么它就可能有着一个五彩斑斓的鼻子。

除了颜色不同之外，猫鼻子上还有属于每一只猫自己的"身份证"。每一个人和其他灵长目动物都有着属于自己的独一无二的指纹。猫没有指纹来验证身份，但是有"鼻纹"，而且猫的鼻纹和人类的指纹一样，是一辈子都不会改变的东西。每一只猫的鼻纹都不相同，就算是用克隆技术复制出来的猫，它们的鼻纹也是不同的。

关心猫的"铲屎官"经常会疑惑，猫鼻子干燥是不是意味着猫生病了。答案很简单，就是"不"。有很多原因会让猫的鼻子变得干燥而温暖，比如，猫在晒太阳，或待在空气循环不良的房间里，或者躺在散热器前。事实上，猫的鼻子在一天之中可能会几经干湿交替。不过，猫的鼻子确实可以告诉你它的健康状况。如果猫的鼻子破裂，上面有结痂或溃疡，那么它可能就有皮肤问题。如果你已经知道猫生病了，那它的鼻子可能是因为脱水而显得干燥。当检查猫的鼻子时，其实要注意的是鼻子的分泌物。如果猫只是在流鼻涕，那黏液应该是透明的；如果它正在分泌泡沫状、稠状、黄色、绿色甚至黑色的黏液，那你就要小心了，保险起见还是带它去宠物医院检查一下吧。

胡子不是毛发的
一部分

胡须同时也是猫视觉上测量距离的一种方式，能精确感受到 0.000 005 毫米的差异，这就是为什么猫能够快速优雅地跳到狭窄的窗台上。

胡须对人类来说并不是什么了不起的东西，在古代，男人和女人都喜欢胡须。男人靠它勾搭妹子，女人靠它来挑选汉子。随着人类文明的进步，胡须生物学意义的作用渐渐消失了，以至现在胡须对男人来说并不是什么必需的东西。

在猫的世界中，胡须的使命则完全不一样。人们常犯的一个错误是认为猫的胡须和人的毛发是一样的。然而，胡须在猫身上可不是什么简单的装饰品，而是触觉感受器。这些更长的、更硬的毛发有自己专有的名字——"触毛"。这些猫须比猫身上的毛更深入地嵌在猫的身体里，振动信号与敏感的肌肉和神经系统紧密相连，将周围环境的信息直接传递给感觉神经，加强猫的感觉，帮助猫探测周围环境的变化并做出反应。简单地说，猫须有点像雷达。

猫的嘴边基本上都有24根胡须。虽说如此，由于胡须一直在生长替换，是很少有机会长齐全的。猫的胡须末端有一种叫作本体感受器的感觉器官，它向大脑和神经系统发送触觉信号。本体感受器与身体和四肢的位置有关，是主体了解身体各部分位置的重要参照，可以决定下一步的即时动作。这个器官使猫的胡须对猫所处环境中哪怕是最小的变化都非常敏感。胡须不仅能帮助猫判断自己是否能通过狭小的空间，还能帮助猫在追逐猎物时根据空气中的震动做出反应。猫两边胡须的顶端间的长度跟猫的身体宽度差不多，因此，当一只猫把它的头穿过洞口时，相当于同时在做一个"胡须检查"，确定自己的身体是否能钻进这个洞里。如果胡须刷到洞的两边，猫就知道这个洞对自己的身体来说太小了。胡须同时也是猫视觉上测量距离的一种方式，能精确感受到 0.000 005 毫米的差异，这就是为什么猫能够快速优雅地跳到狭窄的窗台上。

由于猫的眼睛很难聚焦离它们非常近的物体，当猫捕猎时，嘴巴上的胡须像导航一样，可以帮助它们确定目标猎物的移动路线，确定眼前的猎物是否处于自己可以一击致命的正确位置。

有些"铲屎官"会犯一个常见的错误，就是认为应该修剪猫的胡须。有些品种猫，比如德文卷毛猫，它们有卷曲的胡须，所以"铲屎官"可能会认为稍微修剪一下胡须不会对它们造成伤害。这大错特错！梳理、修剪或拔掉猫的胡须是绝对不能做的。就像猫的鼻子很灵敏，没有办法接受非常强的刺激性气味一样，猫胡须的高灵敏度是建立在胡须的根部有大量的神经细胞的基础上的。因此，修剪猫的胡须是非常残忍的，这会给猫造成巨大的痛苦。有些猫的胡须非常敏感，当它们用一个大小不合适的碗吃食和喝水时，会因为胡须触碰到碗壁而感到疼痛。如果没有了胡须，猫就会因为迷失方向而感到害怕。胡须是保证猫的机动性和安全感的重要组成部分，没有胡须，猫就无法完成如此令人惊叹的杂技壮举，也无法保护自己免受危险。

胡须除了起到引导、跟踪和雷达系统的作用外，还有一个作用：情绪的晴雨表。当猫休息或感到满足时，胡须大部分是

平静、开心

害怕

警戒或激动

胡须：情绪的晴雨表

静止的。但是，如果你看到猫的胡须突然贴在了脸上，这可能是猫感到害怕的信号。当你和一只猫玩追逐游戏时，你会注意到猫的胡须是指向前方的，表明它正处于狩猎模式。

一说起猫的胡须，我们自然而然就会想到长在猫嘴附近的那些长须，但事实上猫的胡须不仅长在嘴边，你也可以看到长在猫眼睛上方的短胡须（有点像眉毛）。当触摸猫的这几根胡须时，猫会立即眨眼，这是由于胡须和眼睑通过反射弧的神经结构相连，当胡须触及异物时，眼睛就会反射性地闭上。除此之外，若你仔细观察猫的前腿，就可以看到前腿内侧也长着好几根胡须。前腿上的这些胡须能够帮助猫在黑暗中感知移动中的猎物的存在。其实，猫的胡须布满了全身，每 1～4 平方厘米就长有 1 根。这些长在比较令人难以察觉的位置上的胡须在韧性上虽比不过猫脸上和腿部的那些，但它们有着与其相同的构造和作用。

猫并不是唯一有这种奇妙胡须的哺乳动物。其实，大多数哺乳动物，包括灵长类动物，都配备了这些触觉灵敏的胡须。生物学家认为哺乳动物之所以发育出这样的胡须，是因为它们需要在夜间感知环境。要知道，第一批哺乳动物可是和恐龙共享世界的，它们不得不适应在夜间狩猎。胡须帮助这些饥饿的动物找到食物，为它们在黑夜中提供导航服务。这种进化的适应也有助于解释为什么许多夜间或水生食肉动物（比如老鼠、海豹和海象）的胡须都那么发达。

如何正确使用
一条猫舌

猫有各种各样可爱而奇特的行
为，其中一种就是猫在凝视着
天空中的什么东西时，会伸出
粉红色的小舌尖，仿佛被什么
东西深深吸引，而忘记把舌头
缩回了嘴中。

猫对食物的要求堪比人类的美食家。然而事实上，猫的味觉并不怎么发达。

猫舌表面很粗糙，这是因为猫舌表面有许多独特的乳头状突起，而这些乳头状突起都具有特殊的生理功能。猫舌头表面的乳头可分为三类，即丝状乳头、菌状乳头和轮廓乳头，主要由角蛋白所构成，与形成人类指甲的物质相同。其中，菌状乳头和轮廓乳头上都含有味觉神经末梢，即和人一样可以感觉味道的细胞，可以感觉苦味、甜味、酸味和咸味。不过有研究表示猫对甜味不敏感，所以不像狗那样特别喜欢吃甜食。此外，猫作为一种纯肉食动物，无法消化糖类，若是一不小心吃多了甜食，还会拉肚子。比起舌头上的味觉，猫主要还是用嗅觉来判断眼前的食物是否合自己的胃口。

小猫出生后味觉神经就已经发育完整，不过随着年纪增长，味觉的敏锐度会逐渐减低。如果一只猫得了上呼吸道感染，很可能会影响其味觉感知的能力，并伴随食欲不振，就像人类重感冒时味蕾也会受影响一样。

丝状乳头是猫用来吃食的重要工具，但也是一把双刃剑。当猫捕捉猎物时，丝状乳头可以帮助猫从骨头上把肉剔下来，从捕获的猎物中提取最大的营养物质，并将其直接输送到口腔后部。但猫舌头上的这些倒钩也会钩住猫不该吃的东西。如果一只猫在玩绳子或橡皮筋之类的东西，当把这类东西放进嘴里时，丝状乳头会直接把它们引向口腔后部。简单地说，猫的舌头只有把东西卷进肚子里的功能，没办法把卷进舌头上的东西吐出来。

猫喝水时用的也是舌头。虽然看起来猫会像狗一样把水舔进嘴里，但实际上猫的技巧要比狗厉害得多。猫从来不把嘴放在水里，而是把舌头放在水里，然后很快地把舌头提起来。它们舌头上的乳头会把水从容器里的水表面拉起来，形成一根水柱，然后猫就把嘴闭上。这个过程猫在一秒的时间里可以重复三四次，直到嘴里有足够的水，再吞咽下去。一些研究人员已经为这一过程制作了慢动作视频，这些视频可以在网上找到，供好奇的猫主人观看。

猫舌是猫身体构造中非常迷人的一部分，不仅仅作为其品尝食物的一种器官，还有着多种用途，比如梳理毛发。猫可是非常讲究自己的卫生和仪容仪表的，醒着的时候有四分之一的时间都在梳洗皮毛。丝状乳头的另一大功能就是可以舔除被毛上的污垢，梳理杂乱的被毛和捕捉身上的跳蚤、虱子等。这听起来就像是人类常用的梳子，但事实上猫舌上的"梳齿"要更加智能。丝状乳头的方向并不是固定的，当猫的舌头遇到打结的毛发时，丝状乳头就会旋转，这样的旋转使得尖峰更深入地进入纠缠的毛团中，最终使它松动。猫在梳理自己的毛发时，还可以帮助自己降温，当唾液蒸发时，猫的皮肤和最外层皮毛之间的温差可超过 1 摄氏度。据估计，猫体内的水分流失有三分之一是梳毛造成的。

有些猫比较亲近人类，会用自己粗糙的舌头去舔主人的皮肤，这种粗糙的触觉对人类来说很难谈得上喜欢。但对猫来说，这种粗糙感是非常重要的，尤其是当它们还小的时候。小猫出生时可以算是"又瞎又聋"，所以触觉对它们来说是一种非常重要的感觉。猫妈妈粗糙的舌头和梳洗过程的亲切感帮助它们在睁开眼睛真正看见猫妈妈之前就与猫妈妈建立了联系。年幼的小猫需要受到刺激才会排便，而母猫舌头上的乳头在这方面就显得尤为重要，若是缺少了猫舌对其生殖器的刺激，小猫就不会排便。

　　猫有各种各样可爱而奇特的行为，其中一种就是猫在凝视着天空中的什么东西时，会伸出粉红色的小舌尖，仿佛被什么东西深深吸引，而忘记把舌头缩回了嘴中。在英语国家中，人们为这个特殊的动作创造了一个新的单词，叫作"blep"。若

是去网上搜这个词，可以查到数不清的猫伸出小舌头的照片。但是为什么猫会伸出舌头呢？这背后有什么深意吗？作为"铲屎官"应该担心吗？

事实上，对这种看起来很傻气的行为有着一个科学的解释，那就是"裂唇嗅反应"。它是许多动物社会行为的一部分，用来接收空气中的化学信号，有利于信息素与其他气味传递至犁鼻器。犁鼻器这种器官人类不大熟悉，因为犁鼻器在人类和一些灵长类动物身上已经退化，人类的犁鼻器只存在于胎儿和新生儿中。但在其他陆生动物身上，犁鼻器还是挺发达的。对猫来说，犁鼻器是一对长度为 1 厘米左右的小管，一头堵死，内壁上覆盖着感觉上皮和嗅黏膜，并通过神经与脑相连，另一头开口在上门牙后边的上颚处。为了让犁鼻器发挥作用，猫就需要将上唇抬起，嘴半张，小舌头就露了出来。这种状况常常

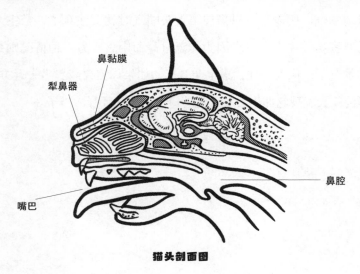

鼻黏膜

犁鼻器

鼻腔

嘴巴

猫头剖面图

出现在猫闻到强烈味道的时候，比如闻到了主人脚部、袜子和腋下的浓重气味。

除了闻到奇怪的味道之外，当猫完全放松或者睡觉的时候，它也可能会松开下巴，刚好让舌尖露出来。那些面部扁平、嘴巴空间较小的品种猫，或者是缺牙的老猫可能会更多地把舌头伸出来。所以说，一只放松的猫伸出舌头是完全正常的，没有什么好担心的。不过对年长的猫来说，经常忘了自己的舌头还露在外面而不收回去可能是痴呆症的征兆。

在某些情况下，猫会反复伸出舌头，这时就要当心了。如果猫把舌头伸出去好一会儿，那么它可能是想调节自己的体温。这可能发生在非常炎热和潮湿的日子里，或者在炎热的汽车里，在猫激烈地玩耍后，以及当它们生病时。要知道，猫降温主要依靠脚垫，舌头的作用非常有限，所以平常猫不会像狗一样明显地喘气。所以当一只猫伸出舌头喘气时就要注意了，猫主人需要密切关注它会不会因为体温过高而中暑。另一种情况则是猫晕车了，像人一样，猫也会晕车。如果你需要载着猫去远方，可能就会发现它伸出舌头，流着口水，气喘吁吁的样子。

30 颗定时炸弹

一只猫如果断了一条腿，人类可以一眼看出来；如果猫觉得皮肤痒，人类也能察觉出来；但如果猫牙齿疼，兴许人类什么都察觉不到。

小猫生下来的时候是没有牙齿的，在 1～2 周龄时，乳牙才开始萌出。在 6 周大的时候，全部 26 颗乳牙都会长出来。到了 4～5 个月大时，乳牙脱落，恒牙萌出。到 6 个月大的时候，所有 30 颗恒牙都会长出来。这 30 颗恒牙包括前面的 12 颗小门牙（和人类的门牙一样，可以将肉从骨头上刮下来）、4 颗犬齿（上下各两颗尖牙，用来刺穿猎物的脊髓）、10 颗前臼齿和 4 颗臼齿（用来切割食物）。猫的牙齿是专门用来咀嚼肉

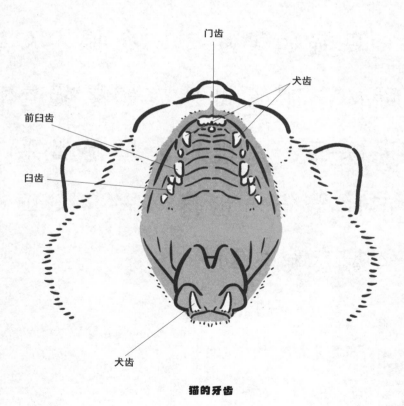

猫的牙齿

类的，没有磨牙，咀嚼植物类材料的能力也很差。在动物中，猫的牙齿数量并不算多，相比而言，狗有42颗牙齿。

虽然牙齿的数量算不上多，但猫作为优秀的猎手，这一口利齿的杀伤力绝对不可小觑。被猫咬过一口的人应该都会有印象，除了很疼之外，那些深深的刺穿伤口还很可能会感染。这是猫的主要武器——那些又长又尖的犬齿的独特结构所造成的。这些牙齿的设计类似于皮下注射针，擅长穿透肌肉，破坏动脉和静脉等基础结构。此外，猫的口腔中携带一定的致病菌，当牙齿从猎物身上拔出时，狭窄的穿刺伤口会自动闭合，病菌则留在了其中开始繁殖，形成脓肿。这就是为什么当一只猫咬了人之后，这个人非常有必要彻底冲洗伤口并就医，进行抗生素治疗。有些人因为被流浪猫咬伤后没在意细小的伤口，最终落得了截肢的下场。

猫的牙齿不仅会给猎物带来致命一击，把人类逼上截肢的边缘（这是小概率的事件），对它们自己来说也是30颗定时炸弹。牙齿问题在猫身上很常见，常见的表现有口臭、牙龈肿胀出血、牙齿松动和口腔疼痛，这些问题都会导致猫进食困难。但是猫表现疼痛的方式和人类不太一样。当一个人牙疼，他身边的每一个人基本都能察觉到，甚至他养的猫猫狗狗都会感觉到主人的状态不太对劲。但猫则反其道而行之。一只猫如果断了一条腿，人类可以一眼看出来；如果猫觉得皮肤痒，人类也能察觉出来；但如果猫牙齿疼，兴许人类什么都察觉不到。偶尔，猫会在吃东西的时候用爪子抓嘴、流口水，或者故意把头偏向一边，以避免用到正在疼的牙齿。有些猫会因为牙痛而完全停止进食，有些猫可能会停止吃干的食物，只吃湿的食物。这常常被人类误解为猫对食物变得挑剔，而实际上，它们很想吃干的食物，但因为嚼起来很疼所以不能吃。

牙周病是猫最常见的牙齿疾病，如果不及时治疗，就会导致猫口腔疼痛、牙龈脓肿、骨髓炎（骨感染）和牙齿脱落。口腔细菌会通过患病的口腔组织进入血液，影响其他器官，尤其是心脏瓣膜和肾脏。

牙周病是一种牙周组织的炎症，是由牙菌斑引起的。牙菌斑是附着在牙齿表面的一层细菌生物膜，是身体对细菌及其释放的毒素产生反应所形成的。当免疫系统对牙菌斑做出反应时，牙龈就会发炎，这是牙周病的第一阶段——牙龈炎。随着炎症的进一步发展，牙周病的第二阶段开始，那就是牙周炎。牙周炎会影响牙齿的软组织和骨组织，猫可能会出现牙龈萎缩、骨质流失和牙周韧带损伤。如果不赶紧医治，牙菌斑会在几天内矿化成牙垢（也称为牙石），那就必须用机械方式去除了。

幸运的是，只要进行专业清洁和家庭护理，第一阶段（牙龈炎）就是可逆的，在3岁及以上的猫中，高达80%的猫都患有牙龈炎。第二阶段的牙周炎就比较严重了，是不可逆转的。一旦猫的牙龈炎发展成了牙周炎，更多的治疗就只是为了减轻损害，而不是预防。去除牙菌斑和牙石，清洁牙齿表面需要在猫全身麻醉的状态下进行。猫在牙科手术前后几天还需服用一定量的抗生素。

猫口炎是猫口腔内大范围出现炎症的一种疾病，常伴随着剧痛，被这种疾病困扰的猫占到猫总数的 5%。猫口炎的具体发病机制对人类来说还是一个谜，可能存在多种诱发因素。但是和牙周病不同，猫口炎本质上是一种免疫系统的不正常反应，而不是一种感染。人类曾认为猫艾滋病、猫白血病、猫疱疹病毒与猫口炎有关，但随后通过实验排除了这些选项，如今的候选诱因中还剩下猫杯状病毒与细菌和牙菌斑。

对得了猫口炎的猫，目前的治疗方案分为药物治疗和拔牙治疗两种。药物治疗听起来应该是治疗手段的首选，但事实上无论是抗生素还是干扰素，对猫口炎的作用都比较微弱。半口或全口拔牙才是如今治疗手段中的首选。彻底、干净的牙齿拔除，不残留任何牙根碎片是达成理想治疗效果的关键。不要担心，在被人类喂养的状态下，没牙的猫吃小块肉块、肉泥和罐头都不会受什么影响。

除了猫口炎之外，猫的牙齿还会得另一种神秘的疾病，那就是猫牙吸收病。有 20% ~ 75% 的成年猫可能会患上这种病，且猫牙吸收病的发生率会随着猫年龄的增长而增长，约有 60% 的 6 岁以上老猫会患病。猫牙吸收病是由破牙细胞引起的，破牙细胞负责正常牙齿结构的重新塑造，但是当这些细胞被活化，且没有抑制作用时，会导致牙齿破坏，因此猫牙吸收病又称为"猫破牙细胞再吸收病变"。这种疾病的成因至今也不明确，但能明确的是患病的猫真的很疼。想要猫从这种病症中解脱，最好的方法依旧是拔牙，一旦牙齿消失了，那猫就再不受这种牙齿疾病的困扰。

为了让猫少受罪，也让"铲屎官"的钱包少出血，猫咪牙齿的日常家庭护理是十分有必要的。所谓护理，其实就是给猫刷牙。牙菌斑细菌需要 24 ~ 36 小时才能在牙齿表面定植，这意味着只要采取合理的预防措施，就可以让猫牙齿上没有机会积聚导致牙周病的牙菌斑细菌。

当猫还小的时候，牙齿护理就可以开始了。这一阶段牙齿护理的主要作用并不是防治，而是让猫习惯刷牙这个过程，不然的话，让一只成年猫习惯刷牙可不是一件容易的事情。如今，手指刷已经变得非常流行。这种牙刷可以套在"铲屎官"的手指上，然后在牙刷上涂上猫专用的牙膏，利用手指在猫牙齿上摩擦。这种牙膏的味道中带有猫粮的口味，这让很多猫虽然不情愿但仍然忍受了这个过程。需要注意的是，专为人类设计的牙膏并不适合猫使用。每天刷牙是最理想的，但对猫和"铲屎官"来说，这是不现实的，每周刷两到三次牙是一个合理且可以实现的目标。

当然，有的猫会极端地排斥人类的手指伸入自己的嘴巴，碰到这些小伙伴的话，可以试试猫用口腔卫生凝胶。这些凝胶中含有抑制牙菌斑细菌形成的酶，你可以直接把这些凝胶给猫吃，或者掺到它们的食物中。不过对猫口炎和猫牙吸收病来说，猫牙的日常护理并不能有效地预防这类病症的出现。因此，定期检查牙齿才是避免猫坠入牙疼苦海的最重要的保障。

粉色小爪子的
秘密

在人类中，左撇子在男性中比
在女性中更常见，这一点也和
猫非常相似。

猫的爪子在很多"铲屎官"看来可以被选为猫身上最可爱的部分，以至猫爪图案被广泛地印在了人类的很多织物上。但是对猫来说，猫爪的存在绝不仅仅为了耍宝，它们封印着很多神秘的本领。

除了猎豹，其他所有的猫科动物都有可伸缩的爪子。就像金刚狼一样，猫可以把爪子缩进脚趾的鞘里，需要用爪子来狩猎或抓痒时再伸出来。这样可以防止爪子触地发出声音，让猫在不被发现的情况下跟踪猎物，或者悄悄靠近你。但是猫开始跑跳和攀爬的时候，它们的爪子会伸出来，这时爪子的重要功能是抓住地面或其他表面，这样猫就不会跌倒或失去平衡。猫能跳得很高，还能优雅地着陆，这是因为猫爪上的肉垫为猫提供了额外的缓冲。肉垫不仅能吸收声音，还能在猫跳了一大步后减弱冲击力。

作为一只猫，在它的"猫生"中，它不需要在一群猫面前演讲，但这并不意味着它不存在紧张的时刻。就像人类的手掌在紧张时会出汗一样，如果一只猫感到紧张或害怕，它的爪子就会出汗。同样，恐惧也会让猫出一爪冷汗。出汗的另一个作用是给生物降温，人类身体上有很多汗腺来帮助降温，但是猫的汗腺仅仅存在于它们的脚掌上。可以想见，猫爪的体积有限，因此猫并没有一个有效的冷却系统。

猫很讲究卫生，舌头是它们主要的清洁工具，但即使猫身再柔软，短短的猫舌也有够不着的地方，这时候就要猫爪出场了。如果曾经看过猫的梳洗全程，你就会知道它们是如何用爪子来给自己做清洁的。首先，它们会舔一只爪子，然后这只爪子会在它们耳朵、鼻子和头部的区域以圆周运动的方式反复摩擦以达到清洁的效果。

在猫爪的凹槽深处还隐藏着秘密的气味腺，当猫用爪子在你身上踩来踩去或者扒沙发的时候，它们其实是在用自己的气味标记自己的领地。这是一种特殊的信息素混合物，是每一只猫所特有的，就像人的指纹。人类的鼻子通常无法察觉这些气味，但其他路过的猫可以读懂其中的意思。被熟悉的气味包围可以让猫获得平静，让它相信自己仍然是领地的主人。同时，猫的肉垫是一种非常灵敏的传感器，上面有大量的神经，可以获得周围环境中的重要信息，帮助猫感知震动，提醒它警惕可能的捕食者。

既然猫的爪子那么重要，那么一只猫是不是也会和人一样，会有一只惯用的爪子呢？比如猫走路时是先迈左爪还是先迈右爪，玩逗猫棒的时候又是抬起哪只爪子和"铲屎官"互动的？

土耳其阿塔图克大学的学者在 1991 年做了一项研究，研究发现，50% 的猫喜欢用右爪，40% 的猫喜欢用左爪，剩下 10% 的猫没有特别偏好。1993 年，法国的学者做了一项对 44 只猫的研究，结果发现，当接近一个移动的光点时，17 只猫习惯性地伸出了左爪，6 只猫习惯性地伸出了右爪，其余的猫没有表现出特别偏好。有爪偏好的猫对其主要爪的反应比对其使用较少的爪的更快。

2009 年，《动物行为》（*Animal Behaviour*）杂志发表了一项英国贝尔法斯特皇后大学的学者做的研究。他们测试了 42 只宠物猫的爪偏好行为，发现母猫更倾向于用右爪，而公猫在面临复杂或困难的任务时有很强的左爪倾向，但面对简单的任务时，公猫会使用任意一只爪子。这就跟人类很像了，面对一个简单的任务，比如打开一扇门或拍死一只蚊子，大多数人会使用离物体最近的手，或者有空闲的手（比如，另一只手正端着一杯茶或者握着鼠标）。然而，人类更喜欢用惯用手来完成复杂的任务，比如写字和拧螺丝。只有一部分人双手的灵巧程度相当，可以用任意一只手来执行复杂的任务。更有意思的是，在人类中，左撇子在男性中比在女性中更常见，这一点也和猫非常相似。2012 年，同样的研究人员又注意到，猫对爪子的偏好是在其 6 ～ 12 个月大的时候发展定型的，这可能与激素和性成熟有关。

如果你仔细观察一只猫的爪子，会发现它的前爪上有一个额外的"小脚趾"。也就是说猫每只前爪上有 5 个脚趾，后爪上只有 4 个脚趾，总共有 18 个脚趾。每只前爪上多余的脚趾被称为悬爪，有点像猫爪子的大拇指，位置比其他脚趾高一些。许多哺乳动物、鸟类和爬行动物身上都有悬爪，通常处于一种已退化的状态，或者只是为了炫耀，已经失去了原有的功能。但是对猫来说，悬爪还没有完全退化，依旧可以参与到捕

猎和玩玩具的动作之中。

除了悬爪，一些猫的爪子上还可能会有更多的脚趾。这些猫被称为多趾猫，多趾猫可能每只爪子上都有 6 个或 6 个以上的脚趾，脚趾最多的世界纪录是 28 个脚趾。许多人称这些猫为"海明威猫"，这是因为海明威住在佛罗里达州基韦斯特时，船长送给了他一只 6 趾白猫，被取名叫"白雪公主"。"白雪公主"和当地的猫繁殖，有一半的概率会生下 6 趾的猫。海明威故居如今是美国的一处名景点，基韦斯特岛也成为五六十只多趾猫的家园，这些多趾猫都是"白雪公主"的后代。

多趾猫并不是繁殖不良的产物，而是一种自然发生的遗传变异。在猫身上最常见的多趾畸形是一种简单的常染色体显性性状，不会对猫产生不利影响，也不会与其他畸形有关。脚趾的多少似乎并不造成任何自然选择的优势或劣势，多出来的脚趾并不影响猫的生活和寿命，也不会为它们捕捉猎物时多增加一分优势。

屁股不光是
用来拉屎的

有句俗话说"老虎的屁股摸不得"，其实触摸是社会关系的重要组成部分。猫虽然不是群居动物，但仍然享受着这种身体上的情感安慰，从中感到安全感和快乐。

每一名"铲屎官"应该都有过这样的经历：当你蜷缩在沙发上时，猫慢慢向你走近，跳到了你的膝盖上，在你身上到处踩一踩，想找个舒服的地方坐下，在这个过程中，一不小心它的屁股就会直接碰到你的脸。难道猫不知道它们的屁股有多恶心吗？还是它们故意要惹人生气？事实上，答案是两者皆否。它们这么做是因为喜欢你，也可以说这是爱的象征（也是领地的象征）！

　　猫的肛门两侧各有一个肛门腺，可以分泌出一种恶臭的液体。这种液体平常盛在两个叫作肛门袋的小口袋里。这是一种黏稠的液体，呈黄色或深褐色。虽然对人类来说这种液体的气味很难闻，但是对猫来说这种气味非常重要。事实上，这种液体所带的气味是一种身份识别，可以让其他猫获得有关这只猫的社会地位、情绪的信息，甚至位置信息。

　　为了表示友好，猫经常互相摩擦它们的头、身体和尾巴。这种行为会交换猫头部两侧、嘴角、下巴下方、耳朵以及尾巴上许多气味腺的气味。当两只猫用身体互相摩擦的时候，通常会同时向相反的方向移动，从头部摩擦开始，最后彼此的屁股对着对方。这正是猫站在你腿上移动身体时所做的，从头开始移动，到屁股结束。但人类是不会配合猫开始这样的互动的，整个过程中一动不动，以致最后你的脸落在猫的屁股上。

　　当然，有的时候这个过程并没有那么曲折，一只猫可能会直直地把屁股推到你的脸上，因为它想跟你说"你好"，其他猫在打招呼时会嗅它的屁股，作为主人的你也可以试一试。还有一种可能性是这只是一个意外。因为猫在感到开心的时候会把尾巴竖起来。一只快乐的猫会把它最臭的地方暴露给全世界，不管附近有没有一张倒霉的人脸。如果你养的是一只长毛猫，那么在这个时候你可能会看到一小块便便粘在猫屁股上。当你的脸离那块讨厌的东西只有几厘米远，你才发现它的存在时，那种感觉实在是"太棒了"。

除了友好的表示，有时候猫会蹲下身子，先扭动一下屁股，大概几秒钟后就"嗖"的一下扑向它的猎物（可能是你盖着毯子的脚）。这个过程非常滑稽，猫仿佛跳了一出电臀舞。到目前为止，人类还没有任何关于这种古怪行为的正式研究，不过动物行为学家给出了一个可能的解释。这种快速扭动屁股的行为的出现，可能是猫正在将后肢压入地面，从而增加在猛扑时向前推的摩擦力。不过这个动作也有可能是猫自己的兴趣，猫为了增加仪式感，表达自己对狩猎感到多么兴奋。这种行为在猫科动物中的其他成员，比如狮子和老虎身上也曾出现。

那么，这样的屁股你愿意摸一摸吗？有句俗话说"老虎的屁股摸不得"，其实触摸是社会关系的重要组成部分。即使是人类，当还是婴儿的时候也需要不断的身体接触来得到家人的认可，大多数动物也表现出同样的需求。在大多数哺乳动物的皮肤下方会有一种特殊的神经元，在爱抚和进行肢体接触时会触发它们，这些信号传递回大脑后就会被解读为快乐或奖励。

　　猫虽然不是群居动物，但仍然享受着这种身体上的情感安慰，从中感到安全感和快乐。

　　猫的神经系统非常发达，比如人类鼻子中有大约 500 万个神经末梢，而猫鼻子里有大约 1900 万个。有些学者提出理论，认为猫尾巴底部周围神经末梢的数量高于平均数，所以它们非常喜欢被人在其屁股周围区域为它们进行舒适的按摩。快乐和满足信号会给猫的大脑提供一剂强大的催产素或多巴胺，在猫的大脑中，这两种激素对快乐起着至关重要的作用，它们能让猫感觉很放松。

　　除了作为一种交流方式以外，猫身体的这个区域还有一种更重要的作用，那就是把体内的废弃物排出来。所有的动物都有一个环绕肛门的区域，称为会阴。虽然很多人甘愿接受了

"铲屎官"这个称号，但若真的开始讨论起这个主题，他们依旧难以压制不想面对的冲动。

猫的肛门周围区域非常敏感，这里是许多神经末梢的家园。因此，如果这部分被咬伤、划伤或感染，猫就会觉得特别痛苦。同样重要的是，猫主人要注意，超重猫咪的屁股很有可能出现问题。在排便过程中，猫需要对肛门施加压力，使其排出便便。由于便便经常是黏性的，在排便结束后，猫会清洁自己，以避免便便和毛粘在一起。但是，变胖了的猫由于圆滚滚的体形而不能成功地用舌头梳理自己位于远端的屁股，最终导致该区域出现炎症。

除了猫太胖导致够不着之外，还有些老猫患有关节炎，它们可能也很难够到那么远的位置。除此之外，普通猫，尤其是长毛猫软便拉稀的时候很有可能会粘一屁股屎，它们很可能在还没有把脏毛舔干净的时候，就跳到床上去一屁股一屁股地盖"屎戳"。这个时候，"铲屎官"就应该出马了，可以用柔软的毛巾加温水清洁猫屁股，也可以用婴儿湿巾或宠物清洁湿巾清洁。

有的时候猫会突然从一个地方跳起来，然后"扑通"一声用屁股着地，像是在地上摩擦屁股。这个时候"铲屎官"除了站在一旁欣赏这种奇怪的动作之外，还要意识到一种可能性，那就是猫的屁股出了问题，在地上摩擦和滑行其实是因为它感觉身体不舒服。

猫屁股的一个常见问题是肛门腺体肿胀。正常的粪便通过直肠时会对腺体施加足够的压力来释放气味，但如果便便太硬或太软，就不会促使肛门腺释放，随着时间的推移，腺体就会变得肿胀和不舒服。"铲屎官"可能看不到已经肿胀的腺体，因为腺体是向内膨胀的。但是，猫快速在地上磨屁股，或者猫开始非常频繁地做出一些奇怪的瑜伽姿势去舔肛门以及周围，这都是猫肛门腺受到影响的迹象。这个时候就有必要带猫去检查一下，如果是肛门腺的问题，那么兽医可以手动清空积在里面的液体。

总体来说，肛门腺不会酿成什么大问题，但如果猫不仅摩擦屁股，你还在它的肛门或者粪便里看到一些小小的蠕动的东西，那就需要立马带它去诊所。这些小家伙很有可能是蠕虫，如果它们开始在猫的肛门区域探头探脑，那问题就很严重了。

经过以上的铺垫和预热，话题即将转向关于猫屎的内容。就像人类一样，猫的便便也可以反映它们体内发生的重要事情。例如，腹泻可能意味着猫肠道不适和炎症。硬邦邦的粪便则可能表明猫咪患上了肾脏疾病。

想要从猫屎中得到真正有用的信息，还需要全方位地评估猫排便的过程。首先，猫的排便规律虽然各不相同，但大多数猫每天都会排便一次。随着猫的年龄增长，它们排便的频率可能会降低。但是如果你的猫在正常进食的情况下有三天以上没有排便，那就需要警惕了。当猫便秘时，它们会很频繁地去猫砂盆，每一次都会在里面蹲很久（然而依旧拉不出来）。另外，相反地，如果猫每天排便超过三次，你也需要加强警惕。

　　其次，猫屎的颜色也会给出一定的信息，但这需要结合猫吃的食物判断。在正常情况下，猫的粪便是深棕色的。如果喂食的是生肉等带血的食物，猫的粪便颜色会比较深，但表面会比较有光泽，看起来像柏油一样。如果猫的粪便颜色变成了浅棕色，那就可能是猫肝脏或胰腺出问题的迹象，不过高纤维的饮食也会导致便便的颜色变化。如果粪便的表面混有黏液，那可能是猫患上了结肠炎。记住，家猫的祖先是生活在沙漠中的动物。因此，它们的结肠能有效地吸收粪便中的水分，又软又湿的粪便一般都不是好的迹象。不过总的来说，如果你偶尔察觉到猫的便便出现了异常，但没有其他临床症状，请不要惊慌，通常可以延长观察时限，除非猫一直昏昏欲睡，排便也不再正常，才需要去一趟医院。

猫语学概论

每只猫喵喵叫的含义都是不同的，它们会根据自己的"铲屎官"开发出一套独特的"喵"语。

在人类彼此间的交往互动中，基于声音的语言交流是一种非常重要的信息交换工具，任何其他的肢体行为都比不过语言的力量。与人类相比，猫的社会关系比较弱，加上其他的感官又非常灵敏，因此在猫与猫之间，尤其是在成年猫之间的互动中，猫用声音语言来交换信息的机会并不多。除了有时候有必要地跟"铲屎官"进行声音交流，很多时候猫仅仅在发情、进行性行为和打斗时才会频繁发出声音。

在第二十四届瑞典语音学会议上，隆德大学语言和文学中心的苏珊娜·肖茨（Susanne Schötz）根据猫的口型动作把猫的发声分成了三类：① 闭着嘴发出的声音，包括咕噜声、颤音和唧唧声；② 嘴张开并逐渐闭合时发出的声音，包括各种带有相似元音模式的喵喵声；③ 张大嘴巴在同一位置发出的声音，通常出现在猫具有攻击性的情况下，包括咆哮声、嘶嘶声、唾沫声和尖叫声。

合作捕食者发声联盟（Cooperative Predator Vocalization Consortium，一个研究社会性食肉动物的交流、合作和认知进化的小组）的成员杰西卡·欧文斯（Jessica Owens）在 2017 年和蒙大拿州立大学、洪堡州立大学、内华达大学、剑桥大学的学者一同发表了一篇学术论文。他们根据结构声学的理论把猫的发声分成了三类：音调声音、脉冲声音和宽频带声音。音调声音又进一步分为和声结构音和规则声调音。脉冲发声分为脉冲爆发和混合脉冲爆发。宽频带声音分为四种：非调性宽频带声音、带调性开头的宽频带声音、带短调性成分的宽频带声音和带长调性结尾的宽频带声音。这样的分类看起来非常学术化，但通过这样的划分，他们能把猫的声音可视化地呈现出来，真正实现了对猫的声音进行量化分析的目的。

不过对"铲屎官"来说，自然不会用科学仪器去测量猫的叫声然后再去解读其中包含的信息。但是，结合猫的状态，理解猫的不同声音代表的大概意思是每一位合格的"铲屎官"必修的科目。

在猫发出的众多声音中，咕噜声应该是人类最喜欢的声音。咕噜声是大多数猫科动物喉咙里发出的一种连续、柔和、振动的声音。猫出生后第二天就能发出这种声音。猫发出咕噜声时通常被认为处于一种积极的情绪状态，但当猫生病、紧张、经历创伤或痛苦的时刻（比如分娩）时，它们有时也会发出咕噜声。

相比咕噜声所传达的意思，猫发出咕噜声的机制更是一个谜。在一定程度上，这是因为人类在猫的解剖学上找不到一个独特的器官会直接导致这种发声。有一种假说得到了肌电图研究的支持，那就是猫发出咕噜声是因为它们利用了声带或喉部的肌肉快速地交替扩张和收缩声门，从而在吸气和呼气时引起空气振动。

喵喵叫是猫最具代表性的声音，也是人类认为一只猫最应该发出的声音。喵喵叫可以代表猫正处于自信的、哀怨的、友

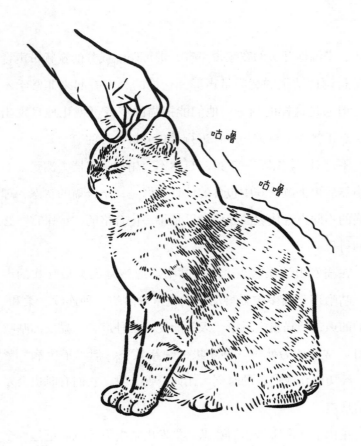

咕噜

咕噜

好的、大胆的、欢迎的、吸引注意力的、有所求的状态。所以想要了解喵喵叫背后的含义只能结合猫当时的其他肢体语言来理解，不过有的时候可能猫就只是单纯地跟你聊点闲话而已，并没有什么特别的意思。不过猫与猫之间的喵喵叫往往仅限于幼小的时候，比如小猫想要引起猫妈妈的注意。小猫到了4～5个月大，就会完全停止喵喵叫，成年猫之间也很少会互相喵喵叫。但猫被人类饲养之后，开始重新发出这种喵喵的叫声，根据现在的研究结论，原因是猫为了让"铲屎官"更好地理解它们。一项对韩国猫的研究发现，家猫比野猫发出的喵喵声更短、音调更高，这表明社会化很重要。非洲野猫的喵喵声也较低，而且"听起来不那么悦耳"。

每只猫喵喵叫的含义都是不同的，它们会根据自己的"铲屎官"开发出一套独特的"喵"语。在一项研究中，研究人员录下了 12 只不同的猫每天的叫声，然后将这些录音放给"铲屎官"们听。结果显示，只有猫真正的主人才能听懂自己的猫的叫声，有的叫声代表着"我无聊了陪我玩"，有的则是"我要吃东西"，而其他的猫对这些需求的表达在声音音调、长短上会有显著的差异。所以，猫的每一声喵喵叫都是在和"铲屎官"的互动过程中习得和创造的。它们可能是在尝试了不同叫声后，选择了最能引起"铲屎官"特定注意力的叫声。

猫发出唧唧叫的声音不会很响，"铲屎官"也很少有机会听到。这种声音通常是母猫在窝里叫小猫的时候发出的。小猫能识别出自己妈妈的唧唧声，对其他母猫的唧唧声不会有反应。当一只友好的猫走近另一只猫或人类的时候，偶尔也会发出这种声音。因此，"铲屎官"可以模仿这种声音来安抚和问候自己的猫。猫在观察或跟踪猎物时，有时会发出兴奋的声音。这些声音没有非常固定的音调，可以从轻轻的咔嗒声到响亮且持续的唧唧声，偶尔还夹杂着喵喵声。

咆哮声、嘶嘶声、唾沫声和尖叫声都是与攻击性或防御性有关的声音。猫发出这些声音的同时通常会伴随着一些姿势，旨在对其感知到威胁的对象产生威慑作用。这种交流的对象可能是另一只猫，也可能是其他物种。比如，猫会对着走近的狗发出嘶嘶声和唾沫声是一种众所周知的反应。猫在受惊、害怕、生气或痛苦时会发出嘶嘶声。嘶嘶声和咆哮声可以吓跑闯入它们领地的入侵者，如果警告并不能消除威胁，那么猫就要开始真正的攻击了。

　　除此之外，在猫发出的众多声音中，还有一类是人类最不喜欢听到的，那就是发情时的叫声。公猫会发出粗声的低号，母猫有时会发出响亮的号叫声，有时也会发出如婴儿哭泣般的呜咽声。若是得不到慰藉，很多母猫在白天和晚上就会一直叫，妥妥成为自然界的噪声之王。

第二章

喂养
一只猫

舌尖上的猫粮

猫的自然饮食是半湿润／湿润的肌肉组织、坚韧的皮肤和结缔组织，因此猫主人也需要掌握好干湿猫粮之间的比例。

虽然人们普遍认为猫天生就喜欢吃鱼，但鱼其实算不上猫最喜欢的食物。不同国家、不同地区的人有各自不同的饮食习惯，这种习惯也影响着他们给猫投喂的食物。在日本，海鲜在人类的饮食中占有重要的地位，这种味觉偏好被转移到日本猫身上，日本猫经常吃蛤蜊味或鱿鱼味的食物。在欧洲国家，猫和人类的菜单上写着兔肉和鸭肉，但无论哪种肉，那里的猫都不喜欢吃辣的口味。但是在墨西哥和印度，人类的食物都是辣的，猫由于经常吃剩菜剩饭，也就变得会吃辣了。

美国是汉堡的故乡，美国的饮食文化是一种以牛肉为基础饮食的文化，甚至在美国的农村，当地的酸牛奶也出现在农场猫的菜单上。因此，羊肉在美国猫粮中并不是一种常见的成分。相比之下，在英国，由于养羊是当地经济的重要组成部分，羊肉味的宠物食品十分常见。在澳大利亚，一些宠物食品的肉源中包含了当地特有的袋鼠肉。意大利人则把意大利面食作为猫饮食的一部分。所以，猫的口味偏好很大程度上取决于当地的人类习惯吃什么。生活在港口的猫喜欢吃鱼，而生活在农村的猫则更喜欢吃肉。突尼斯的猫吃着煎蛋卷，土耳其的猫会吃熏香肠和炒蛋，马来西亚的猫吃面条和蛋炒饭，肯尼亚的猫则习惯吃肉粥。同样的道理，如果有人拿老干妈口味的猫粮作为实验食物投喂给实验室的小猫，它们也会对这种奇怪的组合产生兴趣。

家猫经常会品尝主人的一些食品，虽然绝大多数的人类食品并不适合猫，但吃少量的这些食物并不会对猫造成伤害，在一定程度上还能解决猫的便秘或肥胖问题。

从科学的角度来说，猫是专性食肉动物。也就是说猫的牙齿和肠道已经进化成只吃肉类的食物。在野外，猫吃素通常只有两种情况：第一种是猎物的肚子里带着植物，然后被猫一股脑地吃了下去；第二种则是出于药用目的而咀嚼一些草。植物中的有害物质通常在猎物的肝脏中被分解，因此猫自己没有进化出功能强大的肝脏。这也就是为什么猫经常会出现食用了一些其他宠物可以吃的食物而中毒的现象。

那么人类的哪些食物对猫有害呢？哪些食物是猫碰都不能碰的，哪些食物是只要不过量喂食就没什么大问题的？在网上可以查到许多对宠物有害的食品清单，但其中不少都把狗和猫混为一谈，但是猫并不像狗一样是食腐动物。还有一些食品清单中的数据来自牛和实验鼠的测试，但这两种动物的消化系统与猫截然不同。

不能碰的食物

牛油果： 猫可能会被牛油果油腻的口感所吸引，但牛油果的叶、果实、种子和树皮中含有一种叫作鳄梨素（persin）的毒素。它会引起猫肠胃不适、呕吐、腹泻、呼吸窘迫、充血、心脏组织周围积液，严重的甚至引起猫死亡。

可可碱： 巧克力中含有可可碱，这是一种对猫有毒的物质。

可可碱是一种心脏兴奋剂（使心跳加快和不规律跳动）和利尿剂（使动物尿得更多）。一旦进入血液，就会引起猫的过度活跃和口渴，数小时后可能引起猫呕吐和腹泻。在严重情况下，猫在吃了巧克力的 24 小时内会导致致命的心脏病发作。其中，黑巧克力和可可粉是最危险的，因为它们含有更多的可可碱，普通纯巧克力的危险程度排在第二，牛奶巧克力、巧克力蛋糕和巧克力糖的危险程度相对较低，但对猫来说仍然很不安全。

洋葱：洋葱中含有二硫化物，能破坏猫的红细胞，导致一种叫作"海因茨小体贫血症"的疾病。注意，所有形式的洋葱都是有毒的，无论是生的、干的，还是煮熟的。海因茨小体贫血症是一种溶血性贫血，即红细胞在体内循环时破裂。食用洋葱几天后猫才会出现症状，第一个症状通常是胃肠炎，伴有呕吐和腹泻，食欲不振和嗜睡，那是因为携带氧气的红细胞开始受损。大蒜中也含有类似的物质，但含量较低。在像中国这样的一些大陆国家和地区，文化中会强调吃大蒜对人类身体有好处，所以也会给猫吃一些。但由于猫的肝功能与人类非常不同，对人类有益的食物对猫来说可能是致命的。

果仁：李子、桃子、油桃、杏和相关水果的果仁都含有氰苷，会导致猫氢氰酸中毒。氰苷会干扰血液向组织释放氧气的能力，即使血液中有氧气，也会导致窒息。由于猫较差的肝功能和较轻的体重，果仁对猫来说是一种危险的食物。

生土豆和生番茄：番茄和土豆都是茄科植物中的成员，与颠茄有着亲缘关系。它们中含有一种苦味的有毒生物碱，称为"茄碱"，可引起剧烈的胃肠道症状。一般来说，猫是不会被番茄吸引的，但有报道称，一个小番茄就能引起猫几乎致命的反应。绿色的番茄及其叶子和茎都是有毒的。这种毒素同时也存在于生土豆和生土豆皮中。好在这种毒素通过烹饪就会被破坏，所以沙丁鱼罐头和其他鱼类罐头中的番茄汁可以给猫食用。煮熟的土豆泥可以安全地混入猫的食品中，作为超重猫满足饱腹感又不使其增重的食物成分。

只是不能多吃而已的食物

酒精： 与人类相比，猫肝脏的分解能力较差。猫吃一点带酒精的食物就会醉酒，虽然偶尔的一次小醉并不会造成长期的不良影响，但大量或多次饮酒一定会导致猫肝损伤，以及酒精中毒和胃肠道刺激。其中酒精中毒会导致猫呼吸困难、昏迷甚至死亡。

动物肝脏： 大量食用动物肝脏会导致猫维生素 A 中毒。这会影响猫肌肉和骨骼，并可能导致其骨骼异常生长，尤其是在脊柱和颈部区域。

牛奶： 牛奶对大多数猫都有副作用。牛奶对人类和牛来说确实是不错的食物，但给猫喝牛奶就是一个悠久但错误的传统。许多猫确实喜欢喝牛奶，但牛奶中含有成年猫无法消化的乳糖，会导致猫胃部不适、腹泻和肠道不适。牛奶中的脂肪含量越高，乳糖含量就越低，所以少量的牛奶对一些猫来说可能是安全的。如今，羊奶经常作为牛奶的替代品来解决猫乳糖不耐受的问题，但事实上在饮食和水均衡的情况下，猫真的不需要喝牛奶。

生鸡蛋：生鸡蛋中含有一种叫作亲和素的酶，过多的生鸡蛋蛋白会导致猫 B 族维生素的缺乏，引起皮肤和毛发问题。但是这些数据来自实验室的老鼠，除非你每顿都给猫吃生鸡蛋，否则不太可能对猫造成危险。实际上，野猫的饮食中会包括鸡蛋，所以只要不吃过量，偶尔吃一个生鸡蛋对猫不会有什么害处。

生鱼：过多地喂食生鱼会导致猫维生素 B_1 的缺乏，这是由鱼中的硫胺素酶引起的。缺乏维生素 B_1 的猫会食欲不振，在严重情况下也会死亡。偶尔吃生鱼通常是无害的，只有过量食用才会出问题。不过把鱼煮熟是个不错的选择，因为高温会破坏这种酶的活性。猫过度食用油性鱼类，比如金枪鱼，会导致黄脂病。这种痛苦的炎症是由于饮食中含有大量不饱和脂肪酸和缺乏维生素 E。金枪鱼中含有很少的维生素 E，过多的不饱和脂肪酸会进一步耗尽动物体内的维生素 E。患有黄脂病的猫被触摸时会感到剧烈的疼痛，不愿移动。猫也会失去食欲，并开始发烧，如果不治疗，很可能就会死亡。另一点值得注意的是，鱼类会富集环境中的污染物，如多氯联苯或汞。这些物质无法通过烹饪去除，若猫同时吃掉鱼的内脏，这些物质就会转移到猫的体内。比如，日本沿海地区的猫会出现汞中毒，而鱼类是这些猫的主要食物。

不确定的食物

葡萄： 葡萄和葡萄干对猫的毒性尚不清楚，但已知它们对狗有毒。美国防止虐待动物协会动物中毒控制中心建议不要给猫或狗喂食任何数量的葡萄或葡萄干。

坚果： 猫会被坚果的油腻质地所吸引，但很多坚果对狗来说是有毒的，尤其是夏威夷果。食用 6 ~ 40 粒夏威夷果的狗会出现暂时性的肌肉震颤和后肢麻痹。这些狗会表现得很痛苦，甚至无法站立起来。猫的肝脏功能更弱，因此更不建议让猫食用坚果。

比起人类的食物，如今的"铲屎官"更多地给猫喂猫粮和猫罐头。猫粮的广告及其包装上常常有着诱人的鸡肉、多汁的牛排和新鲜的鱼。但拆开猫粮袋，打开猫罐头，里面的食物却丝毫让人看不出其原材料究竟是什么。

在很多时候，猫粮和猫罐头的原材料是动物中人类不想吃的部分。请不要觉得恶心，那些被人类所抛弃的动物组织中并不缺乏营养成分。在野外，猫捕食时也会吃掉猎物的皮肤和胃里的东西，这没有什么可恶心的。要知道，宠物食品制造商在制作营养全面的猫粮方面有多年的经验，在理论上，最理想的

猫的食物一览表

不能碰的食物	只是不能多吃而已的食物	不确定的食物
牛油果	酒精	葡萄
可可碱	动物肝脏	坚果
洋葱	牛奶	
果仁	生鸡蛋	
生土豆和生番茄	生鱼	

猫粮应该接近于生老鼠的营养含量。其实人类在不知情的情况下吃下的香肠、肉饼，以及其他经过"重新格式化"的肉制品中也包含了这些部分。

这里举一个极端的例子，在一些地方，被粉碎的猫和狗的尸体可能也会成为宠物食品。加拿大魁北克的 Sanimal 公司主要加工猪肉和鸡肉，但每周也要加工超过 18 000 千克的猫肉和狗肉，而由此生产的蛋白粉会卖给动物饲料行业。尽管 Sanimal 公司声称这些食物是健康的，但人们对这类宠物食品

129

感到恶心。然而从动物收容所或被撞死的动物身上提取营养物质是一种高效且环保的处理方法。在英国口蹄疫流行期间，牛羊的尸体由于不能被回收利用，必须被集体焚烧和掩埋。而焚烧动物尸体会向空气中排放刺鼻的烟雾，烧焦的残渣会从柴堆里飘出来，尸水则会从土坑里溢出来。

事实上，作为人类食品的动物中约有 50% 的成分并不是真的为人类的饮食服务的。这些副产品包括骨头、血液、肠道、内脏器官、韧带、蹄、外壳和羽毛，但这些部分可以用于动物饲料。它们并不一定是不健康或不可食用的，只是不合现代人的口味。宠物食品市场不仅有利于宠物主人（提供了方便、现成的均衡饮食），还有利于人类食品工业和动物养殖者（为副产品提供了一个市场）。

关于猫粮，有两件重要的事情需要在此强调一番。首先，人类对哪些动物和动物的哪些部分可以吃，甚至是否应该吃动物都有禁忌，但猫没有这样的禁忌，把人类的禁忌强加给猫可能会导致其营养问题。其次，如果狩猎结果"不尽如猫意"，猫就会选择食用动物的尸体，即使是一只猫的尸体。有一个极端但不是不会发生的情况，如果猫和它们死去的主人一起被困在房子里，为了生存，它们会吃掉主人尸体的一部分。

罐头猫粮、干猫粮或半湿猫粮中都含有蛋白质、脂肪和纤维，但其中的比例差异较大，所含的水量和所使用的防腐剂的种类也会有很大的不同。猫罐头的内容较为松散，有利于猫咪肠道活动，但其柔软的质地也意味着猫的牙齿无法得到应有的"锻炼"，可能导致猫咪牙垢堆积和患上牙龈疾病。干性食物对猫主人来说很方便，但它们体积小，能量密度大，猫咪长期食用会导致便秘。猫的自然饮食是半湿润/湿润的肌肉组织、坚韧的皮肤和结缔组织，因此猫主人也需要掌握好干湿猫粮之间的比例。干猫粮制作时会使用一种叫作膨化机或挤出机的机器，把原料混合后送入膨化机，原料会先被压熟成糊状物，再通过管道挤压成糊状的小块，然后像爆米花一样膨胀、烘烤和干燥。为了让猫粮更具有吸引力，很多干燥后的猫粮会被喷上脂肪和增味剂。宠物食品中使用的大部分脂肪是从肉浆中分离出来的动物脂肪，但也可能包括不适合人类食用的脂肪。比如在美国，厨余的油脂是宠物食品中动物脂肪的主要成分。

由于猫是专性食肉动物，难以消化蔬菜、水果或谷物。它们依赖于猎物中含有的蛋白质和脂肪，而不是素食碳水化合物。如今的研究证明猫有一定的消化少量碳水化合物的能力，其中白米的消化率很高，其他谷物必须经过加工才能达到75% ~ 80% 的消化率，但过多地摄入碳水化合物会使得猫咪蛋白质摄入不足。不过现在很多的干猫粮中都添加了一定比例的碳水化合物，这些谷物或大豆出现在商业猫粮中并不是为了猫膳食的均衡，个中唯一的原因是这些成分比肉类更便宜。

在过去的几十年里，食品添加剂在宠物食品中的使用率大大增加了，添加到猫粮中的非营养化学物质可以改善猫粮的味道、气味、稳定性、质地和外观。乳化剂把水和脂肪结合在一起，抗氧化剂阻止脂肪变质。色素和增味剂使猫粮看起来或尝起来更有食欲。虽然猫品尝甜味的能力有限，但一些猫粮中仍然会加入甜味剂，比如玉米糖浆。玉米糖浆在这里的作用并不是让猫粮变甜，而是一种保湿剂和增塑剂，使食物湿润和耐嚼。但不幸的是，在甜味剂广泛使用后，猫患糖尿病的数量也开始变多，两者是否有相关性还不确定。但可以确定的是，猫粮中的糖分引起了众多猫的龋齿问题。

虽然商业猫粮的背后有着非常复杂的产业链，看起来阴谋重重，但对绝大多数的"铲屎官"来说，选择较大品牌的商业猫粮投喂猫仍是最好的选择。毕竟猫粮制造商在营养均衡方面的经验相比普通人更为丰富，商业制品的大规模生产也尽最大可能保证了猫粮的安全性。

胖子的烦恼

和主人互动是猫最喜欢的锻炼方式，一根逗猫棒、一颗乒乓球就能让猫动起来，并且让"铲屎官"找回一开始养猫所带来的那种乐趣。

肥胖不仅是目前世界上人类面临的健康问题之一，也是猫咪的。多项研究表明，在发达国家，有 11.5% ~ 63% 的宠物猫超重或肥胖。人们更加喜欢圆乎乎的猫，并为此大量培育新品种。人类的这种喜好使得猫逐渐变得更胖。

对猫来说，作为宠物的它们在大多数的情况下已经不再需要为吃饱肚子而操心。但是就像它们的主人一样，物质需求快速满足的背后是身体进化的滞后，超重和肥胖成为更需要关心的问题。肥胖的猫就像肥胖的人一样，通常不太健康，寿命也较短。心血管疾病、糖尿病（特别是晚发性糖尿病）、脂肪肝、关节炎和膀胱炎等疾病总是和猫的肥胖密切相关。

1970 年，一只 6 周大的流浪猫被英国伦敦帕丁顿车站的清洁员琼·沃森（June Watson）所收养，取名为"小不点"（Tiddles）。"小不点"一直生活在车站的女厕所中，来来往往的人中不乏喜欢小动物的好心人，时不时给它送来鸡肝、羊舌、动物肾脏、兔肉或牛排等美食。车站的清洁员还给它准备了一个专用的冰箱。"小不点"开始越长越大，在 1982 年时长到了 13.6 千克，成为"伦敦肥猫冠军"。其实在这时，它的生命已经快要走到尽头。1983 年，兽医发现它肺部周围充满了积液，最终对它实行了安乐死。"小不点"是被人类的好心害死的，在当时给它拍的照片中可以看到，这只猫胖得出奇，看起来很悲伤。在猫的世界中，减肥是不可能的，一辈子都不可能减肥的。如果一只猫开始变胖，它就会觉得运动太累，然后

帕丁顿猫"小不点"

减少运动，这个时候如果它的"铲屎官"不注意减少饮食中的热量，它就会变得更胖。

英国一项针对猫糖尿病的研究发现，每 230 只猫中就有 1 只患有糖尿病。在品种猫中，缅甸猫患糖尿病的概率为五十七分之一。对现在的猫来说，糖尿病已经成为比甲状腺功能亢进更大的健康威胁。猫科动物生活方式的改变是其肥胖和患糖尿病的主要原因。宠物猫比它们的前辈进行更少的锻炼和得到更多的热量。这在很大程度上是因为越来越多的猫被关在室内，缺乏活跃的玩耍，再加上喂食过量，以及每当猫喵喵叫的时候，人们往往都会给猫喂食，而不是只在人与猫互动后喂食。

根据发表在《猫科动物医学与外科杂志》（*Journal of Feline Medicine and Surgery*）上的报告，由 761 只猫的主人填写的调查问卷显示，绝育后体重超过 5 千克的公猫群体是最易患糖尿病的猫群。当然，猫寿命的延长也是一个不可忽视的因素，因为年老的猫更容易患上糖尿病。猫主人们往往不会发现猫嗜睡、口渴和尿频这类早期征兆，只有在猫陷入昏迷时才会注意到问题，而这时候通常已经来不及挽救猫的生命了。若是在早期发现，猫的糖尿病就可以通过控制饮食和锻炼，以及每天两次的颈部注射胰岛素来控制。

一些环境因素也会影响猫是否长胖，比如如果一个人家里只养了一只猫，那么它就会用进食来排遣内心的无聊。再比如，一只猫有着一个超重的主人，那么它也很有可能比较胖，因为那些对饮食缺乏意志力的人类也会很容易屈服于一只向他乞讨的猫。通常不太活跃的人也不太可能鼓励他们的猫活跃起来。健康、活跃、有健康意识的主人往往更能意识到他们宠物的健康需求。所以宠物的生活方式往往反映了其"铲屎官"的生活方式。

如今，猫粮的出现给猫增肥提供了一趟直通车。干燥的猫粮能量密度很高，只需要喂食少量就可以提供猫所需要的全部热量。不幸的是，这一小把猫粮并不能满足猫的胃袋。虽然摄入了足够的热量，但猫仍然会感到饥饿。这时，猫就会乞求更多的食物，或者去其他地方寻找食物，以填饱肚子。这就仿佛一个人用糖果或巧克力棒来代替均衡的饮食，但即使摄入了足够的热量，胃还是会渴望更多的食物。在这个意义上，猫粮的存在就仿佛人类饮食中高热量的垃圾食品。

现在的猫粮基本都是高度易消化的类型。然而，猫在野外捕获的猎物却并非如此，因为猎物的体内常常含有令猫难以消化的部分。比如胃袋中的植物纤维，即所谓的"动物粗粮"。从历史上看，"铲屎官"曾被鼓励用少量煮熟的蔬菜和肉来喂猫，以模仿其自然的饮食结构，但大多数猫主人已经改掉了这个习惯。现在的猫粮中确实含有蔬菜，但通常经过处理，极其易于猫消化。

想要解决这个问题，不喂猫粮而改喂猫罐头或者回归做猫饭都是不错的选择。问题是干猫粮对"铲屎官"来说太方便了，价格可能也更实惠。在这种情况下，就要防止猫外出，让它们没有机会从别的食物中摄取热量，并且要硬下心肠，不能屈服于猫喵喵叫的乞讨。

宠物零食的出现和普及更是给猫增肥的直通车踩了一脚油门。现在越来越多的人喜欢在做其他事情（比如看电视、用电脑）的时候吃零食，而不是在餐桌上吃正餐。他们把吃零食的习惯扩展到了猫身上。对人类的研究表明，吃零食会影响人的新陈代谢，导致体重增加。同样，猫主人往往也低估了以零食形式喂猫所带来的热量。

目前，还没有治疗猫肥胖的安全药物。猫的体重控制依赖于饮食管理和改变超重猫的生活方式。想要猫减肥，那就既要迈开腿，也要管住嘴。一名合格的"铲屎官"需要花费一定的时间和猫进行互动和游戏，让猫养成锻炼的习惯。这种互动不是给猫准备一个静态的玩具，比如一根攀爬柱，因为猫会很快厌倦这些没有生气的东西。和主人互动是猫最喜欢的锻炼方式，一根逗猫棒、一颗乒乓球就能让猫动起来，并且让"铲屎官"找回一开始养猫所带来的那种乐趣。

在大多数情况下，除了生活方式的改变，还需要对猫的饮食进行管理。不过值得注意的是，人类的减肥计划中有素食这种选择。人类的饮食需求很灵活，可以依靠杂食甚至素食茁壮成长，但绝对不能把这种策略运用到猫的身上。猫是专性食肉动物，依靠肉类获取营养，从生理学上讲猫并不适合素食。没有肉，猫就会缺少最基本的营养物质，例如在素食中不存在的牛磺酸。过去，一些"误入歧途"的人曾试图给猫喂食素食。结果导致猫营养不良，尤其是牛磺酸缺乏，生长受阻，毛发变得蓬乱。在这样的饮食下，猫最终甚至会失明。

猫天生就只吃少量的蔬菜，比如从猎物的肠胃里间接获得植物，那时这些植物组织已经被部分消化。猫偶尔也会为了催吐或者因为好奇啃一点其他的草或蔬菜，但事实上猫的消化系统无法将其分解。对植物组织来说，只有其细胞壁被破坏后，猫才能够消化。然而与食草动物不同，猫的牙齿不是用来咀嚼植物的，而且它们的肝脏不善于清除许多植物中的毒素（主要是一些生物碱），因此它们从草、水果或蔬菜中获得的营养很少。这就是为什么以谷物为基础的猫粮必须经过特殊处理，打破细胞壁，使其易于猫消化。即便如此，有些猫吃了这种猫粮后依旧会出现消化问题，甚至会腹泻和呕吐。

所以，想要一只胖猫恢复自己的身材，能走的路子只有减少每日的总热量摄入。这不是一个剧烈减少的过程，而是必须适度，使猫慢慢减肥。每次进食的食物量需要逐渐减少，或让猫进食低热量食物。如果猫吃罐头食品，混合一些膨胀剂就可以让猫的胃感到饱了，它就不太可能再去乞讨或觅食。膨胀剂可以是煮熟的土豆泥、面、南瓜或者米饭。还有一点很重要，猫两餐之间的零食必须减少。就算猫达到了目标体重，它的饮食和生活方式仍然需要控制，这样才能保证它之后不会再长胖。

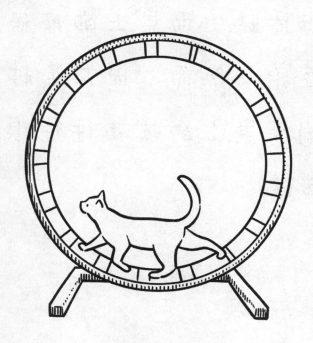

请问你的肉
要的是几分熟

这和人类得病如出一辙，因为某种物质缺乏而患上的疾病很容易医治，然而，因为某种物质过剩而患上的疾病往往很难药到病除。

每个"铲屎官"都知道合适的营养物质对猫的健康至关重要。但是当知道了猫粮的真实制作方法和成分后，很多"铲屎官"都会萌发出这样一个想法："我怎么可以给猫吃这种东西？"思量再三后，有些"铲屎官"会选择自己在家给猫准备口粮，这样他们就能确切地知道猫粮里有什么。另外一些"铲屎官"则选择给猫喂生食。后一种喂食方法被称为生物适宜生食（Biologically Appropriate Raw Food，简称 BARF），也叫作生骨肉喂食法。

喂猫生骨肉意味着喂它们未煮过的动物肌肉、内脏器官和骨头。由于猫是专性食肉动物，这代表着它们必须吃肉，靠高蛋白、高水分的食物生存。事实上，猫的饮食中即使不包含蔬菜和碳水化合物，对它们的生长也并不会有什么影响。

生骨肉饮食的支持者认为，烹饪肉类会改变或减少食物中一些重要的物质，比如氨基酸、牛磺酸、脂肪酸，以及其他猫必需的维生素和矿物质。他们提倡一种在生物学上更为自然的饮食方式，这种饮食应该与猫在野外吃的食物非常相似。一般来说，小型野猫捕食啮齿动物和其他小型哺乳动物、鸟类、鱼类、昆虫，甚至爬行动物。猫捕食了猎物后通常会吃掉整个动物，包括肉、骨头、大脑、内脏器官和皮毛。当"铲屎官"给自己的猫喂食生骨肉时，也应该想方设法创造出与之类似的饮食结构。理想的生骨肉饮食需要精心设计的食谱，绝大多数"铲屎官"选择自己准备这些生骨肉，但也有商业售卖的成品生骨肉。

关于喂猫吃生骨肉有着很多争议。那些支持生骨肉饮食的人觉得生食对猫的健康益处多多：猫的毛色会变得更光亮，牙齿更干净，还能避免猫出现肥胖问题。由于猫被驯化的时间不长，人类对猫的改变并不大，没有破坏它们的基本形态，也没有改变它们的野生能力。直到最近，人类才尝试给猫喂食加工过的、富含碳水化合物的食物。从此，随着猫不再从自然界获取营养，患病和肥胖的比例开始在它们之中急剧增加。

虽然这些说法听起来似乎是正确的，反对生骨肉饮食的人对生骨肉的安全性却有着担忧。反对者认为生骨肉中可能含有沙门氏菌和大肠杆菌等病原体，会导致严重的危及生命的感染。烹饪食物可以去除这些病原体的大部分，这就是为什么人类放弃茹毛饮血的生食，选择了经过烹饪的熟食。不过，遵循安全的处理方法可以将风险降到最低。猫对沙门氏菌等细菌有很强的抵抗力，这对进化到只吃生肉的动物来说是有道理的。猫的胃酸的酸性比人类的强得多，消化道也非常短。食物通常在 12 小时内通过整个消化系统，这并没有给细菌太多的时间来繁殖以致使猫生病。相比之下，人类吃进肚子的食物需要 24 小时才能通过所有消化系统，这就是为什么人类更容易受到病原菌的感染。但反过来说，这也就意味着给猫喂食生骨肉会让"铲屎官"和家里其他人暴露在危险的病原体中。病原体可能残留在为猫准备食物的器具表面、食物盆、猫的粪便，甚至在猫身上（尤其是脸部周围）。因此，反对者建议如果"铲屎官"或其家庭成员有免疫缺陷，或者有小孩和老人时，应该避免让猫食用生骨肉。

对于生骨肉，很多"铲屎官"都会犯一个错误，就是没有确保饮食结构的完整和平衡。"铲屎官"们下意识地认为猫只要吃肉和骨头就可以，或者说钟情于给猫吃各种各样的动物的肉，而不真正注意其中的热量、脂肪、蛋白质等营养成分构成。不要以为猫只要吃肉就能获得保持健康所需要的一切。一些"铲屎官"认为自己喂的生骨肉中可能会缺乏某些营养物质，因此会额外给猫补充这些营养物质。但这仅仅做了一半的功课，生骨肉中也有可能会有某些营养成分过剩。这和人类得病如出一辙，因为某种物质缺乏而患上的疾病很容易医治，然而，因为某种物质过剩而患上的疾病往往很难药到病除。随着时间的推移，长期食用一些营养成分过剩的生骨肉会给猫带来严重的健康问题。

想要让一只猫从商业猫粮转投到生骨肉的怀抱，其实并不是一件容易的事情，尤其是在这只猫已经成年的状态下。要做这样的改变，"铲屎官"需要特别耐心。"铲屎官"可以先让猫尝试一些切好的生的鸡肉、鹌鹑肉、鸭肉或者兔肉。有些猫会马上去吃，这可能是因为这些食物是最接近它们自然吃的东西。

如果猫不马上吃生肉，那就需要动动脑筋了。比如，把生肉弄成温的，想想野猫捕食的老鼠的体温。将生肉放入塑封袋

中，放入一碗温水中浸泡加温，然后在喂猫罐头的时候把生肉放在一边。猫可能依旧不会吃，但没关系，这样做的目的是让它们习惯这种味道，并开始将这种味道与食物联系起来。下一步就要把生肉和猫罐头混合一下，一开始生肉的分量要很少，这样猫才能勉强容忍生肉的存在。随着猫逐渐适应，可以慢慢增加生肉的分量，直到完全替换掉猫罐头。一旦猫接受了生肉，猫主人就可以逐渐在生肉中加入体积较大的肉块，为的是让猫的牙齿健康并锻炼下巴肌肉。只吃罐头食品的猫没有接受过类似的训练，所以这个过程也要循序渐进。

生骨头其实是一种可以被猫消化的物质，并为猫提供钙、矿物质和酶。但是加入骨头也会引起一些安全问题，细小的整块的骨头或骨头碎片可能会造成猫的胃肠道阻塞、口腔损伤和气道阻塞等。如果生骨肉中真的要加动物的骨头，那也应该是被彻底碾碎的。

应该喂猫商品猫粮还是生骨肉的争论还在持续，看起来一时半会儿也不会有定论。不过至少可以肯定的是，无论是配方合理的猫粮还是生骨肉，都是猫愿意吃进肚子里的东西，并且对健康也不会有很明显的坏处。或许这就像在中国，无论是北方人吃面食还是南方人吃米饭，只要饮食健康，人们就都有概率长命百岁。

刻在基因里的异食癖

如今还不清楚为什么猫会觉得啃食塑料袋是一件那么有意思的事情，可能猫的舌头喜欢塑料袋的质感，或者猫喜欢塑料袋发出的声音，更可能的原因是它们喜欢这种味道。

一只猫除了在饭点乖乖吃饭以外，还会自己去吃一些奇怪的东西。有的猫喜欢啃啃电线的塑料外壳，有的喜欢吃一些植物，还有的喜欢啃纸巾，或者在毯子上留下一摊摊口水，甚至扒墙上的灰然后吃进肚子。这是宠物的异食癖，很多猫都或多或少有这样的表现。

像许多强迫行为或异常行为一样，猫坚持这样做是因为这种行为会让它们感到舒服，或者会带来回报。这里说的回报指的可能是吃的东西的味道确实合乎猫的口味，或者是在饥饿时得到饱腹感，也可能只是为了得到"铲屎官"的注意。"铲屎官"要想减少猫的这些行为，最根本的方法是让这些行为变得不会产生回报，并重新定位对猫有回报的正常行为。有时，异食癖也是一种位移活动，猫的正常行为受到了阻碍，因此它们用异常活动代替正常行为。

在猫的异食癖中，舔食毛织品是最常见的一种，尤其在某些品种猫的身上非常普遍。比如暹罗猫或者有暹罗猫血统的品种猫。在英国一项对 152 只舔食织物的猫的研究中发现，55%是暹罗猫，28% 是缅甸猫，6% 是其他东方猫，11% 是其他品种或随机繁殖的猫。这些有异食癖的猫的主人中有一半以上说除了参与实验的猫之外，它们的兄弟姐妹也有类似的行为。这些猫中，93% 的猫喜欢舔食羊毛，64% 的猫还吃棉花，54% 的猫吃合成纤维。这种习惯如此根深蒂固，以至"铲屎官"别无选择，只能提供一件旧衣服供猫咀嚼。还有一种可能是猫把毛织品当成了捕猎目标。猫用爪子按住（通常是毛料的）毯子或衣服，用牙齿去撕扯它。这与猫从更大的猎物（如鸽子）身上撕下皮毛、羽毛或肉时的行为相同。

但是造成这一现象的具体原因目前还不得而知，绝大多数猫在长到 2 岁之后就会逐渐停止这种行为。除了遗传倾向之外，还有一种理论认为，如果幼猫在 6 周之前就被人从猫妈妈身边抱走的话，毛织品对它们就会格外具有吸引力，因为当时它们还没有完全断奶，它们把毛织品当作对自己过于短暂的吃奶阶段的补偿。

除了行为学上的理论以外，还有一些研究认为胆囊收缩素代谢异常也是一些猫异食的原因。此外，甲状腺功能亢进会引起食欲增加，并可能导致猫异食。曾经报道过一只甲状腺功能亢进的流浪猫会去吃泥土，当药物开始起效后，这一现象就停止了。异食癖可能还与猫白血病病毒和猫免疫缺损病毒有关，免疫系统的紊乱会造成猫的异食行为。

有些猫会吃自己的粪便，这有时是母性本能的一种遗留，因为哺乳期的猫妈妈会吃自己小猫的粪便，直到小猫能够完全控制自己的肠道。食肉动物，包括猫和狗，有时也会吃其他动物的粪便，通常是猎物的粪便，因为这样做可以从猎物未完全消化的食物中获得额外的营养。猫在自然界中会吃少量的草，若大量地啃食植物往往是饮食不足或疾病的征兆。

在异食的目标物中，塑料是最麻烦的，塑料袋和照片是最常见的异食物品。如今还不清楚为什么猫会觉得啃食塑料袋是一件那么有意思的事情，可能猫的舌头喜欢塑料袋的质感，或者猫喜欢塑料袋发出的声音，更可能的原因是它们喜欢这种味道。合成购物袋的成分中可能包含动物脂肪、鱼油、凝胶或凡士林，猫会被这些物质残余的气味所吸引。如果这个袋子是用来装食物的，猫也可能会被塑料袋上残留的食物气味吸引。橡胶对一些猫也很有吸引力，许多有异食癖的猫都很喜欢橡皮筋或橡胶制成的婴儿玩具，甚至有的猫还喜欢啃食避孕套。通常情况下，这不会造成太大的危险，但有些猫会因为吞进了部分塑料而需要做手术从胃或肠道中取出。塑料无法在 X 光片上显影，因此手术往往比较困难。

大多数"铲屎官"注意到猫的异食癖是因为它们弄坏了家里的物品。其实这种行为也会危害猫的健康，一些被吃下去的东西可能有毒性；吞下一段绳子、皮筋或金属丝，也有可能卡在肠子里，造成肠道损伤；咀嚼电线会有触电的风险；吃膨润土猫砂会造成肠道堵塞。如果"铲屎官"知道自己的猫患有异食癖，一定要保持警惕，并监测猫肠道是否有阻塞的迹象。这些症状包括呕吐、腹泻、便秘和全身乏力。

解决猫的异食癖需要从多个方面下手。首先，"铲屎官"要保证猫的生活不无聊。无聊的猫，特别是饲养在室内的猫，比室外的猫更容易患异食癖。寻求注意力的猫可能会把异食癖作为一种手段，让"铲屎官"与它们互动。15 ~ 20分钟的互动或游戏可以大大减弱猫的无聊感，"铲屎官"不在的时候，可以为猫提供一个猫爬架和一些玩具，以防止猫无聊。其次，要确认猫是不是患了甲状腺功能减退症，一旦甲状腺激素水平降低，猫的食欲就会下降。如果猫是因为饥饿而去吃奇怪的东西，那猫主人可以试着在食物中添加高纤维的物质（比如熟南瓜等对猫虽然没有什么营养价值但猫爱吃的食物），这可以让它们在不摄入更多热量的情况下吃得更多。利用定时喂食器频繁地分配少量食物也可以控制住猫异食的冲动。

羞羞的事情

若是"铲屎官"和公猫什么都不做，那么母猫就不会排卵。

爱情对人类来说意味着亲密和柔情，所以一些"铲屎官"往往也会用这样的心情去推测猫之间的爱情关系。然而，当他们真正目睹了猫的交配过程后，这种幻想当然就会破灭。可以这么说，所有跟猫有关的爱都是吵闹的，尤其是在涉及公猫的行为时，场面往往非常粗野。

猫在 4 ~ 12 月龄间的任何时间出现首次发情。首次发情时间会受许多因素的影响，包括品种（短毛品种比长毛品种初情期早）、季节（季节影响光照长短）和体况等。波斯猫及其杂交品种有些要到 12 ~ 18 个月才出现第一次发情，2 ~ 3 岁达到性成熟。短毛品种，如暹罗猫、缅甸猫则比较早熟。

猫属于季节性多次发情的动物，大多集中在春天到秋天这段时间。在春天和夏天温暖明亮的几个月里，可以看到怀孕的猫数量激增，这并非偶然。猫发情是因为一种叫作褪黑素的激素的减少，这种激素每晚由猫大脑中的腺体分泌。随着更长的白天和更短的夜晚的到来，褪黑素的分泌量减少。这会影响到下丘脑，或猫大脑中管理发情的区域。下丘脑会释放一种生殖激素，这种激素会进入脑垂体，脑垂体又会释放另外两种生殖激素，通过血液进入卵巢，这时候卵子就整装待发在卵巢里等待受精。

人类家庭饲养的猫由于在晚上也会有灯照，所以在非繁殖季节的秋冬季也有可能会发情。家养在一起的母猫可能会出现同步的发情周期。长毛猫似乎比短毛猫对光照更敏感，但许多长毛猫即使在长日照期间也不出现规律的发情周期，相比之下许多短毛猫不管光照长短，都能整年发情。

母猫发情周期最易理解的分期方法是将其分为发情期（发情前期和发情期）和非发情期（间情期、乏情期、假孕期和妊娠期）。

猫的发情前期很难鉴定，因为这个阶段仅持续 1～3 天，特征表现也不明显。在发情前期，许多母猫开始在物体上摩擦头颈，表现出爱慕行为，阴户内偶尔有黏液流出，并频频排尿。在这期间，母猫对公猫会很有吸引力，但不接受交配。这个时候的母猫可能会开始发出声音，并抬起后腿。

当正式进入发情期时，母猫开始接受性行为，这个阶段可持续 2～19 天，平均为 7 天。与公猫的交配行为可以缩短发情时间。发情母猫的日常举动会有特别的变化，身体的前端会平伏在地上，而屁股会翘在半空中，后腿会像踩自行车一般踩踏，也会喜欢在地上滚来滚去。母猫会频频发出号叫声，吸引公猫，并表现出不安、食欲减退，显得与"铲屎官"特别亲近、温顺。一些母猫的发情期偶尔会延长（持续 7 天以上），这种情况可能是卵泡交叠成熟、导致雌二醇浓度居高不下所致，这种持续发情的情况在暹罗猫及其杂交品种中较为多见。

发情期是母猫办终身大事的重要时刻，如果"铲屎官"希望猫咪怀孕，就应让母猫与有生育力的公猫交配并诱发排卵。如果不希望猫怀孕，则可用去势公猫或人工刺激阴道诱发排卵，造成假孕。若是"铲屎官"和公猫什么都不做，那么母猫就不会排卵。

发情后期到下一次发情前的一段时间叫间情期。在此期间，母猫血液中的雌激素浓度较低，母猫不接受性行为。间情期持续 13 ~ 18 天。如果这个时候日照不足，猫就会进入乏情期，也就是让生殖器官回归到静止的状态。

若是"铲屎官"和公猫对母猫做了羞羞的事情，那么母猫就会进入黄体期，指的是排卵后黄体占优势的这个时期。交配或者诱发排卵行为会引起促黄体素从垂体前叶释放，促黄体素的充分释放会引起排卵。通常认为猫是典型的诱导性排卵动物。交配时，公猫的阴茎可能会引起母猫阴道的后部膨胀，通过神经内分泌反射性引起丘脑下部释放促性腺激素释放激素。几分钟内促黄体素达到峰值，在多次交配时，促黄体素峰值比单次交配更高、持续时间更长。一般来说，大多数猫需要 4 次或更多次的交配才能引起排卵。

猫卵泡中留下的颗粒细胞发生黄体化，并立即开始产生黄体酮。排卵后如果卵母细胞没有受精，就可能会出现持续 30 ~ 40 天的假孕，如果发生胚胎早期死亡也会出现假孕。如果排卵后卵母细胞在输卵管受精，那么猫宝宝的胚胎在 4 ~ 5 天后会进入子宫角，然后在子宫角内排布开来。着床一般要在受精 12 ~ 13 天后才开始，猫宝宝的着床率可以超过 85%。母猫的妊娠期一般在 62 ~ 71 天的范围内，平均为 66 天，平均产崽数是 4 ~ 5 只，但变动幅度很大，特别是在纯种猫中。

一只猫在黄体期结束后 10 天左右可以再次发情，但哺乳的母猫通常有哺乳乏情期，能持续到断奶后 8 周。大多数母猫在断奶后 4 周，若仍在发情季节，便可重新发情，仅个别母猫在哺乳期内就能重新发情。通常猫在妊娠后的第一次发情时间较短，也很少受孕，因为这个时候仅有极少的卵泡已经成熟。

在适宜的条件下，母猫每年能生两次小猫，直到 8 ~ 10 岁，但最佳生育年龄是 2 ~ 7 岁。超过 7 岁的母猫，其发情周期更不规律，产崽少，自发性流产及先天性缺陷幼崽多。一般来说，母猫的第一次怀孕最好是在其身体完全发育成熟后，这样能保证配种成功、妊娠正常和小猫产后得到较好的护理。1 岁以下的母猫发情周期可能不规律，并且不能表现出成熟的母性行为。

跟母猫相比，公猫的发情则没有太多的学问，因为它们基本上是没有发情周期的，主要是受到母猫发情时分泌的信息素刺激而开始发情。公猫发情时，尾巴会举高，会一直想往外跑，会到处喷尿占地盘，尿味特重，容易与其他公猫打架。

若要让两只并不在一起生活的猫进行"包办婚姻"，最好把母猫放到公猫处，因为公猫要对周围环境感觉舒适才可成功配种。一般来说，公猫要花费相当长的时间来标明自己的领地，如果这个区域被全面清扫，特别是使用了气味清洁剂，有些公猫就将不理会甚至攻击来访的母猫，直到重新适应领地，

母猫发情特征

这个过程有时候会长达 14 天左右。同样地，有时候应激也会影响母猫，会暂时扰乱垂体和卵巢的功能。所以"包办婚姻"最好提前几周就把母猫介绍到公猫处，让其在配种前能熟悉新环境。

成功交配后，母猫会立即发出号叫，跳离公猫，甚至常常抓咬公猫。这时公猫需要有逃逸路径，因此交配区域应宽敞或有可利用的垂直空间，例如书架。接下来的几分钟，母猫会在地上打滚，抓挠和舔咬自己的会阴。之后的几个小时，大多数母猫常拒绝交配。

母猫会有一定的择偶性，如果一只母猫接受了一只公猫，可能在这次发情期间它就不再接受另一只公猫。有趣的是，有些猫似乎讨厌其他品种的猫，或者母猫先前有过不好的经历，使它不怎么情愿接受公猫。

如果一名"铲屎官"想要自己的猫留下后代，那么一个有效的配种计划是让母猫在发情的第二天和第三天每天交配 3 次（每次间隔 4 小时），这个方案能使 90% 以上的母猫诱发排卵。另一个有效的配种计划是让公猫和母猫在发情的头 3 天内每天有数小时的自由交配时间。但需要注意的是时间不能太长，毕竟公猫如果频繁地交配，也是会耗尽库存精子的呀。

1 年　12 只

2 年　67 只

3 年　376 只

4 年　2107 只

9 年　11 606 077 只

一只未绝育的母猫、它的配偶和它们所有的后代每年生产 2 胎，每胎有 2.8 只存活的小猫，总共可以达到的数量。

158

杀死宝宝

就像不是所有的女人都会成为好妈妈，也不是所有的母猫都会成为好母亲。

"铲屎官"看到四只小奶猫在猫妈妈的肚子上吃奶是一种幸福的体验。夜晚降临后，"铲屎官"躺在床上会开始担心，该怎么照顾这些小猫呢？等它们长大一些以后要把它们送走吗？这么想着想着，"铲屎官"进入了梦乡。次日一早，天蒙蒙亮，"铲屎官"就从床上爬了起来，去看小猫，一只、两只、三只……找了屋里的每一个角落，再也找不到第四只小奶猫，仿佛它从来没有出现过……

　　发生了什么？还有一只小奶猫怎么会不见了呢？"铲屎官"想了无数种可能性，甚至开始怀疑是不是自己前一日把猫宝宝的数目数错了。然而真相可能会让"铲屎官"无法理解，那就是"失踪"的小奶猫其实回到了猫妈妈的肚子里。

　　就像不是所有的女人都会成为好妈妈，也不是所有的母猫都会成为好母亲。作为一只猫，母猫不会因为小猫的出生而停止狩猎行为。有些猫缺乏母性本能，或者可能激素失衡，这样母性本能就不会随着怀孕而同时被激发。同时，如果一只母猫生了小猫，而一同生活的另一只母猫并没有经历过生产（怀孕和分娩会产生激素，这些激素通常会激发母性本能），那么这只未生育的母猫可能会把其他母猫所生的小猫当作猎物，小猫的体形和声音触发了它的狩猎本能。

　　有些小猫从出生就有人类无法察觉的异常，或者生了病，因此可能不会茁壮成长，甚至可能对母猫采取了不正常的行为反馈，有些猫妈妈不想浪费精力养那些生存机会很小的小猫。

此外，它们因为在怀孕期间消耗了大量的能量，可能会吃掉这些小猫试图弥补这些损失（就像它们吃胎盘一样）。通过减少窝中的小猫数量，猫妈妈增加了其他小猫成功存活的机会。

猫妈妈吃小猫的原因也有可能是"铲屎官"带来的，如果猫妈妈是在家中分娩小猫的，"铲屎官"可能会过分关心整个过程，并且叫来其他人一起盯着猫妈妈。这会给猫妈妈带来巨大的压力，它会把那些陌生的面孔视为对小猫的潜在威胁。在让任何讨厌的陌生人靠近它们之前，它选择先把它们吃掉。这时候对小猫最安全的策略就是让它们回到自己的身体里。在小猫出生之前，"铲屎官"可能会看到猫妈妈四处游荡，把鼻子伸进橱柜和其他地方探寻。它是在寻找一个安全的地方养它的小猫，当它发现某个地方安静、黑暗且安全的时候，就会在那里安顿下来。这就是为什么"铲屎官"往往会发现衣柜的底部突然变成了产房。当小猫出生后，如果人们不断地来偷看，造成太多干扰，就会让它感受到威胁。人类很难理解母猫的这种感觉，但是刚出生的小猫不能爬动，睁不开眼睛，被猫妈妈吃掉就成了一种自然的解决办法。

在野外生存的猫，情况就更残酷了一些。有的时候，小猫被猫妈妈吃掉可能是因为它出生在一年中最糟糕的时候，例如在野外的早春、晚秋和冬季，由于缺少猎物，生存的机会很低。许多母猫会杀死在一年中最糟糕的时候出生的幼崽，避免在它们自己找不到足够的食物时消耗宝贵的能量来喂养幼崽。

如果巢穴受到侵犯，母猫也有可能会杀死小猫，这归因于经历挫败时的保护本能。母猫无法保护自己的小猫免受已经感知到的威胁，因此杀死了它们。也许本能告诉母猫，与其试图保护后代免遭不可避免的危险，并在这一过程中可能危及自己，不如自己杀死后代，然后逃走。这样的情况并不罕见，尤其是在生育经验不足的母猫身上。一些紧张的母猫会被附近公猫的气味所干扰，以致开启了"吃就是保护"的机制。压力过大的母猫决定减少损失，以后在更有利和更安全的地点再生育。另外，母猫在怀孕和哺乳这些小猫方面投入了大量的精力，因此吃了小猫母猫就可以重新吸收一些能量。通过重新吸收这些营养，母猫将更快地恢复到繁殖状态，并可能在同一个繁殖季节的晚些时候成功地再次生出小猫。

在一个群体中若是同时出生了几窝小猫，其中一只母猫（通常是更具统治力的母猫）可能会选择杀死或者"绑架"竞争对手的幼崽。这样的行为可能会提高自己生出来的小猫的生存率，消除另一窝幼崽的遗传竞争。第二种可能是母猫分得清彼此，只把母性用在了自己的宝宝身上，而不承认其他幼崽是猎物以外的东西。在相反情况中，母猫可能会母性泛滥，"绑架"别的小猫并把它们当作自己的孩子抚养。结果就是一只母猫试图绑架小猫，另一只母猫试图保护它们，最终导致小猫意外死亡。

另一个导致小猫死亡的原因实属罕见，但并非不可能。缺乏经验或过度焦虑的母猫可能会过度清洁小猫。由于这个时候的小猫非常小，而且很脆弱，在这个过程中，猫妈妈会不小心咬掉小猫的爪子、尾巴或耳朵，最终导致小猫的死亡。当然，小猫的自然死亡也时有发生，原因多种多样。这种情况下小猫之所以会被猫妈妈吃掉，是因为处理腐肉的方法之一就是吃掉它们。

杀死小猫的凶手除了猫妈妈以外，也可能是公猫。在野外，几只母猫经常会形成类似一个松散的社群的组织，而公猫只有在交配的时候才会在场。当一只公猫出现后，它为了自己的利益，会击退其他公猫，并消灭可能是另一只公猫与母猫交配所生的小猫，这是为了消除竞争对手的基因后代。这在许多社会动物中是正确的，只有在非常少见的情况下一只雄性动物才愿意耗费精力来抚养另一只雄性的后代。

那么公猫怎么知道谁是小猫的父亲？猫很大程度上依赖气味标记来确定谁在自己的领地上，以及谁访问过该领地。如果一只公猫在自己的领地上闻到了竞争对手的气味，它就可能会认为它的"后宫"生下的小猫属于来访的公猫。这不符合它的基因利益，因此它可能会杀死那些小猫。当一只新的公猫接管或继承一个领地时，它也可能会驱逐或消灭其他小猫，以便确定之后的小猫都继承了自己的基因。这里所谓的领地可以是野外的山丘，也可以是"铲屎官"家里的一个小房间。

咬颈是一种在交配行为和显示优势的行为中都会出现的动

作，猫妈妈移动小猫的时候就会叼起它们的脖子。不过一只公猫也会试图对一只小猫，特别是一只不守规矩的小猫做咬颈的动作，就像是人类的父亲在训斥自己的孩子，但这样做可能会折断小猫的脖子。另外，一只被哺乳期母猫吸引的公猫可能会尝试与母猫交配，但如果公猫被排斥了，它可能会尝试骑上一

只小猫（一种转移挫折的行为，为交配冲动提供了另一个出口），同样，这时它的下颚力量可能会折断小猫的脖子。

　　最后，当一只公猫成为"奶爸"的时候，它也有可能错手杀死宝宝。一些公猫会从不称职的母猫那里承担起母亲的职责（除了产奶）或者抚养孤儿小猫。当小猫玩耍时，一个潜在的问题出现了。大多数母猫可以在"游戏模式"和"狩猎模式"

之间切换，以免伤害它们的后代。但对公猫来说，它们不太可能完全关闭"狩猎模式"，当它们通过游戏而变得高度兴奋时，狩猎本能开始生效，因此可能会导致小猫被肢解甚至被吃掉。

幸运的是，从小在人类家庭出生并在优渥的环境中长大的猫不会有太大的精神负担，因此它们不会经历太多的竞争，杀死小猫的情况相比野外生存的猫要少得多。

有一天，要回喵星

做出结束一只动物的生命的决定是艰难的，感觉像是对信任的背叛。一个负责任的"铲屎官"对自己的猫拥有生死大权。这一权力必须明智地使用，而不是滥用。

一只猫的猫生尽头就是回到喵星，一些猫会非常幸运地以寿终正寝的方式走完自己的猫生，另一些猫还来不及让"铲屎官"做好心理准备，就会因为意外或者病症提前去喵星报到。有些人认为生命是神圣的，即使动物处于痛苦之中，他们也不会取其性命。他们用人类的标准来评判动物的生命，坚持动物要自然死亡，不管其生命的质量有多糟糕。他们认为除了吃掉动物以外，没有其他任何结束生命的理由。但另一些人选择安乐死的方式让自己的猫离开这个世界。安乐死的英文单词是euthanasia，字面意思是温和的死亡。选择给猫安乐死有好的理由，也有坏的理由。好的理由是指把猫的幸福放在首位，所谓幸福，意味着结束已经陷入长久痛苦的猫生。不好的理由则是指猫主人纯粹为了自己方便做出选择，而不考虑猫。

一只猫要面对安乐死，或许有着以下的原因：

1. 器官衰竭：当内部器官衰竭时，毒素会在猫的体内积聚，慢慢杀死它。

2. 猫变得狂躁且难以控制：如果不能让猫重新回归正常的情绪，除了安乐死可能没有其他选择。

3. 不断恶化的疾病：猫会虚弱到无法够到自己的饭盆。

4. "铲屎官"被迫离开原来的环境：不能继续养猫，而猫长得不好看，不是品种猫，或者"铲屎官"的朋友太少，以致没有机会给猫找到一个新家。

5. 喜新厌旧："铲屎官"喜欢猫年轻活泼的样子，但现在猫老了，已经厌倦了。

6. 抠门："铲屎官"不想把钱花在猫身上，宁愿去换一个新的手机。

7. 搬家："铲屎官"要搬家，不能带猫去，或者不想带猫去，也不想自找麻烦给它找个新家。

8. "铲屎官"去世：遗嘱里要求让猫去下面陪自己。

其中的一些理由大家看了是不是觉得很可恶？猫怎么可以受到这样的对待？大多数的兽医也不会为了"铲屎官"自私的念头而对一只健康的猫实施安乐死。但如果"铲屎官"威胁要抛弃这只猫，威胁要亲手杀死它，面对这样的情况，兽医通常并没有什么选择的余地。由于猫的数量过多或其行为特征，猫真的无处安置时，不负责任的"铲屎官"可能会把不要的猫遗弃在大街上，认为它们会自己捕食和觅食。然而许多宠物猫其实无法自谋生路，因为它们从小就没有真正经过狩猎的训练，一些年老体弱的猫即使有技能，也可能已经心有余而力不足。所以被遗弃的猫经常会饿死、病死，或被更大的动物（流浪狗）杀死。

做出结束一只动物的生命的决定是艰难的，感觉像是对信任的背叛。一个负责任的"铲屎官"对自己的猫拥有生死大权。这一权力必须明智地使用，而不是滥用。在许多国家，人类没有被赋予选择自己死亡的权利，可能注定要在不必要的痛苦中徘徊。但一名"铲屎官"可以选择一种快速而人道的方式让一只猫从低质量的生活中解脱出来，也可以选择让它经历长期痛苦。比如，是否要结束一只年老体弱的猫的生命？也许，如果再给它一天或一周的时间，它就可能会在睡梦中自然死亡。但你知道这个过程中它会很不舒服，直到死于脱水、饥饿，或者由于肝肾衰竭导致血液逐渐中毒。如果这只猫外表看起来很健康，但患有无法治疗的疾病时，那么做出决定就更加困难了。

同样，对猫进行安乐死对一些兽医来说也是一个困难的选择。一些兽医认为疾病是一种挑战，动物的死亡是对他们能力的侮辱，不管动物的状况如何都应该救治到最后一刻。另一些兽医则认为通过治疗延长动物的生命是不人道的。大多数兽医的想法都处于这两种极端之间，他们会建议，只要猫的生活质量有保证，就应该延长寿命。

治疗猫和治疗人一样，有时候多问一个兽医可能会有一些帮助。兽医和治疗人类疾病的医生一样，可能会专攻不同的领域。一个好的兽医知道自己的局限，若认为自己在对待猫的疾病上能力有限，就应该提出让"铲屎官"去咨询更有经验的兽医。

"铲屎官"会倾向于在互联网上查找治疗猫咪的信息，有一些文章和一些兽医的主张很能调动起"铲屎官"的内心情绪，但事实上带来的是错误的希望。其中一些突破性的治疗可能只是个例，没有提到其中的失败率或这种方法是否仍然是实验性的。"铲屎官"还不得不面对的一点，就是兽医学远远没有人类医学发展得那么迅速，对没有太高经济价值的猫来说，人类对其的医学研究累积非常有限。所以，当面对是否尝试延长猫的寿命的治疗而不能保证成功的艰难选择时，请一定要想一下治疗会不会给猫带来新的痛苦，不要因为无法忍受失去猫的想法而去延长它痛苦的生命。

对猫来说，重要的是生命的质量，而不是生命的长度。一只猫不会为明年的假期做计划，猫活着的时候所能考虑的事情可能就是等待你下班回家的脚步声和它的下一顿饭。

那么在什么情况下"铲屎官"应该考虑对猫进行安乐死呢？这里有五点准则：

1. 猫处于无法治愈的痛苦之中，药物无法减轻它的痛苦。

2. 猫受到了严重的伤害，永远不能恢复，并会严重损害它的生活质量。

3. 小猫有天生的严重缺陷，不能做外科手术。

4. 猫有无法解决的行为问题，并没有药物治疗或行为矫正的方式。比如，猫攻击人类（一些行为问题是其神经状况或脑损伤所致）。

5. 猫得了老年病，无法治疗。比如患上了老年痴呆，进而发展成频频失禁。

如果一名"铲屎官"在生活中妥善照顾了自己的猫，那么他就应该履行这最后一份责任，给猫带来温和的死亡，而不是缓慢又痛苦的死亡。结束生命的决定从来都不容易做，对已经不能保证生活质量的猫实施安乐死是"铲屎官"充满爱心的决定。

现代药物的效果非常快，整个过程也会非常平和。对于猫，安乐死是通过在其前腿静脉中注射过量麻醉剂来完成的。如果年老或生病的猫已经不适合静脉注射，那么药物可以直接注射进肾脏或心脏。注射时，"铲屎官"可以在场，轻轻地约束住猫，这将是和猫道别的时刻。整个过程不会给猫造成什么痛苦，猫在注射开始的几秒钟内就会失去知觉，再过几秒钟后

就会死亡。如果你抱着这只猫，就会感觉到它在呼气，放松，然后你的手臂会觉得更重了一些。当猫的肌肉放松后，尿液可能从膀胱中流出。然后，兽医会把猫放成一个自然的睡姿（看起来就像睡着了一样），然后闭上它的眼睛。动物在死亡时并不总是能自动闭上眼睛，因为脸部所有的肌肉都放松了。猫的嘴角可能会回拉，看起来像是在做鬼脸，但这仅仅是肌肉放松和重力造成的，并不是疼痛的迹象。最后，兽医会检查猫的脉搏或眼睑反射，确定它去了喵星。

第三章

爱上
一只猫

天才还是蠢蛋

因此，猫与人类的合作是有限的。狗一度是因为实用而被人类饲养的动物，而猫则一直是因为其外表。

在一些"铲屎官"看来，他们的猫总是聪明无比，能知道主人的喜怒哀乐。但另一些人认为猫不是一种聪明的动物，连一些非常简单的训练都无法完成。在这一个多世纪以来，人类似乎觉得有必要评估动物的智力，而猫一直是人类研究和学习大脑功能的热门课题对象。

狗已经被训练得拥有守卫、放牧、狩猎、救援、协助（例如导盲犬）等工作技能，有的甚至会表演马戏技巧。对许多人来说，这是它们拥有智慧的明显标志，但是猫至今也没能被训练出一种专业技能。在迷宫实验中，大多数的猫也表现不佳。狗很快学会了在迷宫中导航并获得奖励，而猫却经常一屁股坐下来开始自顾自舔毛。

其实，狗之所以可以出色地完成很多任务，跟人类操纵犬科动物的社会本能分不开。在狗的生活中，它们经常合作喂养和保护幼崽，以及捕猎大型猎物。未成年的狗习惯于顺从地向成年狗乞讨食物，它们渴望取悦同伴，以保持自己成为集体的一部分。家养的狗会把人类视为主要的群体成员，所以它们取悦人类。此外，数百年来，狗一直被人类选择性地培育，以增强某些特性，减少或消除了其他特性。

与此同时，猫有着不同的社会结构。在食物充足的地方，它们大多是独居的，尤其是公猫，它们倾向于漫游寻找母猫，而不是作为某个群体的一部分。尽管母猫之间可能会形成社会群体，但猫一般不猎食比自己大的猎物，很少成对或成群猎食。因此，猫是独立的，而不是真正社会性的，几乎不需要或根本不需要与其他猫合作。

猫不受社会地位因素的驱使。要训练一只猫，人类必须找出可以激励它的东西。这里的答案通常是食物，在训练完成后有食物的承诺可以驱使猫做一些事情。即便如此，猫也不会像狗一样那么死心塌地地被食物所激励，如果获得食物奖励的过程过于辛苦，猫就会选择减少损失，寻找更容易的猎物。这就好比在野外，如果一个独行猎人在寻找或杀死猎物上花费的精力比从吃掉猎物中获得的能量要多，那就没有意义。在野外，狗会长距离跟踪和追捕猎物，但猫往往选择埋伏并即刻发动攻击，即使需要追捕猎物也只能保持很短的距离。因此，猫与人类的合作是有限的。狗一度是因为实用而被人类饲养的动物，而猫则一直是因为其外表。

猫这种不太合作的态度成功引起了人类科学家的兴趣，不管是否同意，很多猫都参与了这样那样的研究，其中不乏一些较为残忍的实验。一些测试将电极插入猫的大脑中，要么监测其大脑活动，要么刺激某些区域，观察猫的学习能力或智力是否受到影响。大多数这样的测试对象最终会被杀死，它们的大脑会被进一步解剖，以寻找学习导致大脑变化的证据。

早期的心理学家认为，动物所有的行为都是由刺激反应关联引起的。1966 年，美国密歇根大学的研究人员就在一只猫的大脑中安装了一系列完整的电极。手术是在完全麻醉的情况下进行的，猫醒来时对发生的事情一无所知。直到它的身体完全康复，实验才开始。猫的脖子上多了一个小领子，上面固定着一个带有微型接收器的装置，接收器上连接着整齐的银丝，每条银丝都消失在皮毛后面，深入大脑的不同位置。猫这时似乎成为一只机器猫。通过无线电传输的命令，猫会做出喝水、吃东西、挠痒等行为。对人类来说，这个实验不在于人类能强迫猫做出这样或那样的动作，而在于人能简单地通过电流，唤醒猫做出特定行动的欲望。

之后，人类开始认识到许多哺乳动物都能够进行更复杂的心理过程，而不仅仅是简单的刺激－反应。大多数高等动物都对它们的世界有某种精神上的认知，它们理解世界是如何运作的。为了研究猫的智力和学习能力，人类开始设计更合适、更人道的测试。

人类在评估其他物种的智力时常带有偏见。有良好视力和灵巧手的动物总是被认为比没有这些特征的动物更聪明，人类偏袒那些利用与人类相似的方式看到、反应和操纵事物的动物。学会做对人类有益的事情的动物也被认为比不太合作的动物更聪明。然而，这是人类世界观的不足，而不是动物智力的不足。猫或狗不需要学习量子物理或理解《三国演义》就能生存。动物的智力与动物生存的自然环境及其生存需求有关。要测量动物的智力，就必须了解动物的世界观，然后再制定测试。如果测试依赖于学习，人类就必须找出激励狗或猫学习的因素，这些测试需要适用于动物的身体和行为特征，而不是人类的行为。

不同的动物有不同的先天行为。例如，分别给一只未经训练的猫和一只未经训练的边境牧羊犬一群小鸭子。狗会保护它们，而猫则会跟踪小鸭子，然后把其中一只或多只吃进肚子。这不能说猫的智力不行，因为它没有放养小鸭；或者说狗的智力不行，因为它没有认识到小鸭子可以是自己的食物。边境牧羊犬是经过几代人的培育选择而形成的一个有着强烈的放牧本能的品种，而猫吃掉小鸭子则是一件非常自然的事情。如果通过这个测试来判断智力水平，任何一种生物都不比另一种生物聪明。如果这个测试是以"放牧能力"来作为衡量标准，那么这个测试的设计者要么选择不当，要么就是偏袒狗。这样的测试有时会被研究人员狡猾地利用，让一些统计数据来"证明"一个宠物理论或一个既定结论。其实，人类非常偏爱自己的智力，相同的行为若是出现在其他动物身上，智力的迹象通常被人类称为"狡猾"，或者被认为是"本能"。即使在人类内部，类似事件也并不罕见。曾经，欧洲的白人一度认为非白人是狡猾的，能够接受训练，但并不聪明。

对"铲屎官"和观察野猫的自然学家来说，很明显，猫很聪明，天生就具有好奇心，而且具备学习的能力。在家里或自然的野生环境中，猫会根据情况调整自己的行为和策略。比如，不少猫都具备打开房门的能力。但猫知道门锁是用来锁住门的，而门把手可以打开门锁吗？答案显然是否定的，它们这么做是因为它们把操纵行为与现实世界的后果联系在了一起。有一个非常类似的例子，很多"铲屎官"都遇到过自己的猫"礼貌地"在门上抓挠以吸引注意力，然后"铲屎官"就打开门让它进出。猫因此学会了"铲屎官至少在某些场合会为自己打开门"这个行为，然后相同的情景就会经常上演。在这个例子中，猫挠门和门被打开之间并没有科学的因果关系，很多时候"铲屎官"开门的原因只是不胜其烦而已。猫通过发出声音来和人类交流也是如出一辙，其实那些叫声本身并不具备所达成的效果的对应含义，但在不断探索中，猫知道了自己什么样

的声音可以让"铲屎官"知道自己的需求。从本质上讲，它们是改变了自己的行为，以从人类或物体上获得所需的反应，也就是学习的能力。

心理学家认为，像猫和人这样的动物生来就是无助和依赖他者的，因此发展了以后生活中需要学习的能力。比如，人类的婴儿会学习周围世界的物理规则，他们天生的语言模块使得他们只需听就能学习语言。人们对小猫进行详尽的发育研究后发现，猫具有天生的学习能力。如果把一只刚出生的小猫从窝里搬走，它只会在原地绕圈子爬，但6天大的小猫就可以根据母亲或幼崽的气味将自己定位到窝中。到第一周结束时，它们已经学会用气味区分笼子不同部分的位置。在两周大的时候，它们可以在半径大约3米的范围内进行无障碍的定位，并开始探索。小猫的先天行为虽然是基于遗传模式，但这些行为在长期和短期内都是通过学习来改变和补充的。

许多物种都有专门的大脑模块来完成某些任务。储存坚果和种子以备过冬的物种具有优异的空间记忆能力，它们有着发达的海马体。人类中出租车司机必须记住很多路线和街道位置，因此他们的海马体也相对较大。猫本能地会捕猎东西，即使它们不猎食，也会在玩玩具、与其他猫玩耍或与"铲屎官"玩耍时表现出猎食行为，包括知道在哪里找到猎物，跟随快速移动的猎物，以及协调爪和颚的运动来抓住猎物。这些基本的狩猎技能是硬连接到猫的大脑中的，即使猫从未猎杀过，人类也可以通过插入电极刺激猫大脑的适当部位来触发其突袭和撕咬行为。

许多猫喜欢看电视，尤其是看自然节目。大多数的猫很快就能把电视和窗户放在同一个认知范畴中，因为它们都能看到和听到动物，但够不到它们。在电视或扬声器后面经过一两次调查后，猫会知道动物们待在电视盒子里，并不是在屋中。有趣的是，猫能识别出电视画面中的动物是潜在的猎物，其中的秘密在于它们能识别动物的运动方式。猫能分辨出动物的运动与无生命物体的运动。在一个实验中，两个电脑屏幕上都有着移动的图像，一张图像包含 14 个点，组成一只行走或奔跑的老鼠的轮廓，另一张图像包含 14 个随机移动的点。猫总是能区分出象征着潜在食物的动物轮廓和对它们来说不那么有趣的随机点。然而，如果有动物运动图像的电脑屏幕被倒置，猫就不能再把它与随机运动的点区分开来。因为对猫来说，倒立的动物没有逻辑意义。

尽管一些科学家认为只有人类和灵长类动物才能通过观察别人来学习，但一些迹象表明猫也具备了不错的观察学习能力。比如，小猫可以通过观察母亲并试图模仿它来学习狩猎技能。当小猫渐渐长大一些后，母猫会开始把猎物带回巢穴。起初，大家只是一起把猎物当作食物，但后来母猫会把活生生的猎物带回来给它们玩。当猎物试图逃跑时，它会重新捕获猎物。如果小猫不自己处理，它就会杀死猎物。渐渐地，小猫就学会了杀死被带回巢穴的猎物。再后来，母猫出门去打猎时，小猫会选择跟着它。

在实验室中，9 ~ 10周大的小猫们被要求目睹一只成年猫等着闪烁的灯光亮起，然后按下一个杠杆来获取食物这一过程。在没有观察过这只示范猫的控制组中，即使经过30天的反复实验，小猫也学不会做这项工作。如果示范猫是小猫的母亲，小猫们平均4 ~ 5天就学会了用杠杆来获取食物。如果示范的是一只陌生的成年猫，小猫需要18天才能学会。小猫之所以从母亲身上学习得更快，可能是因为猫的礼仪在作祟。因为在猫的礼仪规定中，盯着看是一种敌意的表现。小猫不太敢盯着不熟悉的猫看，但小猫和猫妈妈之间可以放弃这种规则，因此小猫可以更专注地观察它们的母亲，并且更快地学习到技能。成年猫也可以通过观察来学习，通过观察另一只猫的表现，可以更快地学习一些技能。比如，一只猫很容易就从同伴（另一只猫）从厨房的柜台里偷食物的行为中学习到能给自己带来零食的技巧。

智力的一个衡量标准是自我意识。自我意识的测试是看一只动物如何对自己做出反应。人类和高等灵长类动物能在镜子中识别自己的形象。如果有人在小孩的鼻子或黑猩猩的脸上涂上一些粉末，然后让他们照镜子，小孩或黑猩猩会用手在自己的脸上擦去粉末，而不是对镜子中的影像伸手。但猫会先检查镜子后面（是不是有奇怪的猫躲在后面），但很快就会发现镜子里的猫不是真的。与人类和高等灵长类动物不同，猫似乎不能理解镜像猫就是它自己。

不过也有科学家认为，猫并不是不能理解镜像的自己，而是对自己的形象不感兴趣。能够识别自身并做出反应的动物，如人类、猴子和鹦鹉，是社会性动物，他们的交配和社会关系取决于他们的身体对其他同类的吸引力。所以对社会交往不感兴趣的人往往对自己的打扮和穿着的兴趣也相对较低。在猫的社会中，它们的交互是基于健康和能力，而不是基于体形的吸引力。与人类、猴子和鹦鹉等视觉导向物种不同，猫通过声音、气味、触觉（胡须）和视觉的综合作用来感知世界。

那么，猫真的有智慧吗？当然，不过它们并不完全从人类的角度来思考。猫所认识的世界在一些层面上和人类是相通的，比如它们有很好的时间感，也可以识别其他的猫、一些人和一系列物体。但也有着明显的不同之处，比如人类的孩子能学会看别人指的地方，但对猫来说，如果一个人指向一个物体，猫会看着这个人的手指，而不是手指指向的东西。为了吸引猫对该物体的注意力，人类必须轻拍物体本身。

小伙伴不见了

猫悲伤的表现是由于熟悉的人没有出现，人类悲伤的部分原因是意识到自己将永远不会再看到活着的那个人。

两只猫一起生活在"铲屎官"的家中，如果其中一只去世了，另一只猫会感到悲伤和难过吗？如果"铲屎官"去世了，这两只猫会思念自己曾经的主人吗？

这可是考验猫咪良心的时刻！

人类不可能确切地说出猫的感受，但当一个亲密的伴侣缺席时，猫肯定意识到了这种缺席。它们不太可能用人类的语言来哀悼，但当它们适应生活中因此产生的不同时，会有一些行为上的改变。

悲伤是依恋突然或意想不到地被割断时产生的心理情绪。这些东西或人给猫带来了幸福、满足或安慰，因此他们的持续缺席会给猫造成压力。猫知道一个熟悉的人或同伴猫不在，可能会去寻找那个人或那只猫。比如，猫妈妈在小猫被带走后经常找小猫很多天，会一直踱步和哭闹，除了乳腺肿大引起的身体疼痛外，猫还会表现出精神上的痛苦。

许多野生物种在配偶、父母、后代或群居伴侣死亡后都会感到悲伤。例如，大象会用鼻子触碰死去同伴的尸体，甚至触碰同类的骨头。然而，这里需要理解一点，猫并不是群居动物，或者说至少不是典型的群居动物。在野外，每一只猫都是一个独居猎手，因此猫必须建立一个领地（即狩猎领地），以避免与其他猫发生冲突。因此，猫用来自面部的腺体、尿液、粪便和肛门腺的气味来标记自己的领地。这种地域性标记，加上其极为敏感的嗅觉，帮助猫与猫之间有效地沟通，并尽量减少彼此的直接冲突。猫的领地有一个核心区域，在那里它感到足够安全，可以睡觉、吃饭和玩耍。在这个核心区域，猫会主动防御他人入侵。除此之外，猫还有自己的狩猎场地，这是猫漫游的范围。这一区域可能会与其他猫的重叠，它们会在这里互相问候和互动。

不过，猫是一个适应性很强的物种，在保持其作为一个单独狩猎者的内在的同时，在一些情况下（自然和人为干预），猫也会适应群体生活并演化出简单的社会结构。猫的社会行为主要取决于猫的密度和食物来源的可持续性。在野外，一些母猫会相互聚拢在一起成为一个小群体。这个群体中可能存在非常松散的支配等级，但不会形成一个相互依赖的群体，而且它们也没有发展出社会生存策略和群体心理。这些在一起生活的母猫依旧是孤独的。然而和人类一起生活的猫却能发展出更进一步的社会关系。

猫在与之长期生活在一起的人类或其他猫同伴死亡时确实会产生悲伤。不过悲伤因猫而异，有些猫表现出很少的悲伤（有些猫在一只经常与之争吵的同伴死后会表现出欢乐），而另一些猫则会受到深深的创伤。在过去，这种差异性导致一些科学家对动物悲伤的概念不屑一顾，认为这只不过是动物主人的拟人化描述。但这些科学家忘记或忽略了一个事实，即使是人类，在表达悲伤的方式上也是同样多变的。

人类和猫的悲伤的主要区别在于猫为熟悉和亲密的伙伴而

悲伤，而人类可以为远亲或公众人物而悲伤。猫缺乏抽象和记忆能力，因此无法对未见过的猫（或人）和长期不在生活中出现的猫（或人）而悲伤。人类通常有仪式化的方式来处理他们的悲痛。而猫可能会因为悲伤而变得孤僻，或者变得过度依恋。

曾经有一对猫的主人死了，猫在收容所里不肯吃东西。为了减轻这种状态，它们被送到了人类家中饲养，兽医还给它们开了刺激食欲的药。一只猫康复了，但另一只继续萎靡不振，最终病情危重，直到不得不安乐死（长期禁食会导致肝脏损伤）。"铲屎官"的死亡对第二只猫的日常行为产生了严重影响，让兽医认为即使强制喂养也于事无补。这只猫已经对生活失去

了兴趣，尸检的结果也证明了这一点，兽医没有在这只猫身上发现任何疾病的迹象。

长久以来，人类被认为是唯一会在悲伤时哭泣的动物。但事实上，其他动物在情感上遭受痛苦时也会流泪。猫可能会通过噩梦来表达悲伤。曾经有一个人收留了一只猫，猫的原主人在猫面前痛苦地去世了。被收留后的猫经常会做噩梦，从睡梦中惊醒，呜咽着，恐惧着，需要新主人的身体安慰，直到恐惧和悲伤消退。除了黏人，这只猫还经常会把新主人从睡梦中吵醒，好像担心新主人也会死了。这种行为持续了几个月，直到创伤性记忆消失。

不过，猫悲伤的表现是由于熟悉的人没有出现，人类悲伤的部分原因是意识到自己将永远不会再看到活着的那个人。那么，猫虽然会因为伙伴或者主人的去世而悲伤，但它们能理解死亡的永恒性吗？猫似乎理解了一个没有生命的人的状态，它可以从人的体温变化、气味变化中探知。虽然现在还没有证据可以证明一只猫是否能把一具尸体和活着的人联系起来，但在一些例子中，猫在经历了一个熟悉的伴侣去世后就不会再寻找新同伴。因此，猫可能对死亡的东西不能复活有着一些理解，这可能与它们掠食者的身份有关。

悲伤的第一阶段是激动期。在此期间，失去亲人的猫可能会花费数小时或数天寻找失踪的同伴。如果失踪的同伴是人类家庭成员，猫可能会在任何有人进门的时候表现出极大的期待。会去户外活动的猫可能会搜索它们的领地或坐在门口的台阶上等待缺席的同伴归来。这个阶段之后是抑郁期，有时候会长达几周。渐渐地，猫的抑郁状态会减弱，最终恢复正常行为。虽说是正常行为，但这只猫还是可能会有一些改变，因为这只猫的领地权利或社会地位改变了。

整个恢复期短则两周，长的话会需要半年的时间。在此期间，一只悲伤的猫会需要更多的安慰和关注。这并不意味着要强迫"铲屎官"注意一只猫，但这确实意味着一些小事情，比如提供充足的猫食或和猫玩玩新玩具。如果猫受到严重影响，没有克服悲伤的迹象，主人可以找兽医开抗焦虑药，或者采取一些顺势疗法。尽管短期内，食物和额外的关注有助于缓解猫的抑郁或孤僻倾向，但不要让猫变得更加挑剔或过于依恋。猫是有规律的动物，尽量不要改变太多的规律，这会对猫造成额外的压力。如果缺席的同伴是一个人，那么规律的改变将不可避免。如果可能的话，尽快建立并坚持一个新的规律，最好与旧的规律没有太大的不同，这样才能让悲伤的猫一次只处理一个压力因素，减轻它的负担。

有时，当一个人类同伴死后，猫必须被重新安置。除了丧亲之痛，猫这时候还要面临着家庭变化、同伴变化以及陌生的环境和气味造成的额外压力。不要指望这样的一只猫一开始就变得很活泼和友好。它可能会随处撒尿，可能会一直躲在床底，也可能会不愿意吃食。开始的时候，猫可能会对新的"铲屎官"很冷淡，好像害怕这么快建立新的关系。这时就需要新主人花时间和猫在同一个房间里交谈，如果可能的话，尝试抚摸它，这样它就会知道这个新的主人会成为自己生命中一个固定的存在。一旦它开始打开心扉，接受新的"铲屎官"，那么可能会再次变成一个黏人精。

对人类来说，在该悲伤的时候不表现出悲伤的样子会被认为冷血，但事实上并不是所有人都以同样的方式感到悲伤。猫也是如此。一些"铲屎官"会抱怨当有同伴去世时，他们的猫表现出"不适当"的快乐行为，好像在庆祝这一死亡。这时候要记住，猫的情绪和人类的不一样，或许死去的那个同伴曾经欺负了这只猫，或者它们一直只是容忍了对方的存在，而不存在任何友谊。在这种情况下，活着的猫就会因为消除了压力因素而感到由衷的舒适。

至死不渝的爱
真的存在吗

对"铲屎官"来说，猫表现得
最明显的情感之一就是快乐。
对猫来说，它们可能只会表现
为一只快乐的猫，而不是去奉
承"铲屎官"。

对"铲屎官"来说，一只猫养久了，一定会产生感情。对猫来说，一个"铲屎官"看久了，一定也会产生依恋。等等，虽然前文说了若是"铲屎官"不幸去世了，猫会感到忧伤，有的还会闷闷不乐愤而绝食，但是前文也说了猫很有可能为了满足自己的食欲而对"铲屎官"的尸体下嘴。

那么问题来了，猫到底是有情感还是没有情感的一种动物？它们的情感和人类是一样的吗？

对人类来说，一些情感是作为动物的本能，如厌恶、愤怒、恐惧和欲望。另一些是在人类符合社会期望和遵循社会规范时从周围的人身上学到的能力，比如同情和嫉妒。

那么猫咪呢？它们也一样有这些基本的和复杂的情绪吗？许多"铲屎官"会义正词严地说这是当然的。猫会表现出一系列的感觉，包括快乐、沮丧，甚至嫉妒、挫折、好报复。"铲屎官"的回答基于对自家猫行为的观察。猫虽然和人类长得不一样，但基本的构建方式没什么区别，拥有许多和人类相同的感官，比如视觉、听觉、嗅觉、味觉和触觉。这些感官让猫和人类一起适应了地球上的环境。虽然人类有更好的视力，但猫有更好的嗅觉、味觉和听觉。像人类一样，猫也能感觉到热、冷、痛。同样是物理刺激，可以使人类和猫都产生生理反应，其中一些被称为情绪。比如，两者面对诱人食物时若能饱餐一顿，那么大家都会有幸福感。

然而，许多科学家对这种说法却持反对态度，认为动物只有非常有限的情绪反应。他们认为人类喜欢拟人化，把人类的品质投射到非人类的动物身上。人类会根据自己广泛的情感来解释其他动物的本能行为，把它们没有的感觉强加于它们。有些宗教教导人们，人比动物优越，动物没有感觉。有些文化也曾否定动物是思维、感觉的实体。比如中文里"动物"一词，其词意等同于"移动的东西"。打个可能不是很恰当的比方，在市场上出售的动物食材在买菜人的眼中等同于没有情感、会移动、能发音的"蔬菜"。

达尔文曾得出结论，动物确实有情感。人类和动物之间存在情感和认知的连续性，即动物之间没有巨大的差距，只有程度上的差异，而没有情感类型上的差异。虽然达尔文做了这样的认定，但毕竟他所处的年代科学并不怎么发达，因此之后的许多科学家往往在描述动物情感的时候会给描述词打上引号。在这些人看来，动物的行为就像它们感受到了这些情绪，但它们实际上没有这些情绪，情绪的属性是拟人化的。

这些两极分化的观点究竟哪种才是正确的呢？为了找到答案，需要更为仔细地分析一下情感的产生机制，以及人类和猫是不是以同样的方式产生了情感。

为了理解情绪，科学家们研究了情绪是如何产生的，以及它们与身体其他部分和外界的关系。为了做到这一点，他们研究了大脑是如何工作的，通常是通过观察单个脑细胞是如何相互连接在一起的，它们又是如何相互作用的，以及当大脑的某些部分被故意或意外损坏时会发生什么。大脑包含神经细胞，它们通过突触交流。这种交流以生物电流的形式从一个神经细胞的一端到达另一端，同时化学物质穿过神经细胞。通过测量生物电流和化学物质的水平，并通过干扰这些化学物质，研究大脑究竟如何工作。比如放置在大脑特定位置的电极可以用来触发特定的情绪，如果持续刺激杏仁核，动物就会感到恐惧，最终甚至死亡。在动物死后，它们的大脑可以被解剖、切片和染色，以便在显微镜下观察某些情绪是否导致大脑的永久性变化。

另一些科学家则着眼于大脑整体的运作方式，而不是解剖一个死去的大脑。他们用脑电图、磁共振成像、计算机断层扫描和正电子发射断层成像等技术监控大脑。精神药理学家则专注于药物对动物行为的作用。他们给受试动物注射药物，并测量它们的行为和情绪变化。比如，深度睡眠时的快速眼动阶段既与信息处理有关，也与情感有关，注射干扰这一行为的化学物质会导致动物变得易怒。行为遗传学家则有选择地培育或用基因改造动物，以找出哪些基因与哪些情绪相关，以及这些基因是如何遗传和被操纵的。他们在实验室中培养出了一批性格懒散的老鼠，也培育出了一批精神高度紧张的老鼠。虽然没有在实验室里进行严格的实验，但猫的繁育也有着类似的成果：布偶猫的性格比较懒散，波斯猫的性格比较平静，暹罗猫的性格则比较活泼。遗传学家进一步研究了当某些身体特征改变时，情绪是如何受到影响的。事实证明，情绪涉及感觉器官、神经系统和身体其他部位的相互作用。

这些研究的结果并不指向同一个答案，但即使最不相信动物情感的科学家也同意许多动物都会经历恐惧。这是因为恐惧被认为是一种简单的本能，不需要有意识地思考。恐惧是大脑的本能反应，因为逃避掠食者和应对其他威胁对动物的生存至关重要。比如，一些幼鸟看到头顶上有老鹰的影子掠过，整个身体就会僵着不动，即使它们从未见过真正的鹰。

20世纪70年代，美国心理学家保罗·艾克曼（Paul Ekman）提出人类有6种基本情绪，包括愤怒、厌恶、恐惧、快乐、悲伤和惊讶。这些基本情绪涉及较低的大脑刺激，不需要认知加工。它们是本能的生存机制。如果人类必须花时间学习这些，那么很可能会在完善这些情绪作为技能之前就被杀死。这些基本情绪会在人类的大脑和身体中引起本能的反应。例如，当一个物体朝一个人的脸飞去时，即使还没有识别出这个物体，这个人也会下意识地躲开。这些基本情绪与人类特定的大脑区域、激素或化学反应有关。基本情绪对生存具有重大意义，保护人类免受不利条件的影响，使人类寻求有利条件。猫对相同或类似刺激的生理反应可能是相同的。

对"铲屎官"来说，猫表现得最明显的情感之一就是快乐。很明显，当猫依偎在"铲屎官"身边发出咕噜声或者乐此不疲地拍着逗猫棒时，一定是快乐的。玩耍是学习和磨炼生存技能的重要组成部分，很实用也很有趣，否则一只成年猫就不会费心去玩耍了。有一些研究表明，在玩耍时，动物的大脑中会释放出"感觉良好"的激素，给动物一种幸福感。比如老鼠在玩耍时，它们的大脑会释放多巴胺，一种与快乐和兴奋有关的神经递质。边缘系统是大脑中与许多情绪相关的部分。实验表明，当动物或人感到沮丧时，边缘系统会变得活跃，而对该区域的损害会导致动物或人产生具有攻击性的冲动行为。从进化的角度来看，边缘系统是大脑系统发育较古老的一部分，并不是人类独有的。因此，动物的情绪伴随着大脑的生化变化。一些化学物质会引起它们的警觉，并随时让动物准备逃离。另一些化学物质则会让动物感到愉悦。

但是，动物是否有情感的问题常常与动物是否有意识这一问题相混淆。比如，猫知道镜子里没有猫，但还是会用爪子去拍镜子里的镜像，而且不会认识到镜子里的镜像就是自己。人类对动物有情感这一点可能会过度解读，容易产生误解，倾向于将人类的思想、动机和欲望投射到动物身上。这导致宠物被当作人类的小孩来对待，这些"小孩"应该爱人类并表示感激。猫可能确实爱着"铲屎官"并且感到感激，但这种感激并不是以人类的感激方式所呈现的，因为它们没有和人类一样的意识。对猫来说，它们可能只会表现为一只快乐的猫，而不是去奉承"铲屎官"。

人类很容易误解猫的行为和意图。当猫在床上小便时，人通常认为它产生了"愤怒"和"怨恨"的情绪，或者在"复仇"，用来惩罚"铲屎官"。其实这是因为一些猫在"铲屎官"不在的时候会变得紧张。猫在床上或"铲屎官"最喜欢的椅子上小便，可以混合猫的气味和人的气味，制造出一种混合气味让猫觉得安心。当"铲屎官"度假回来时，如果一只猫把尿喷在行李箱上，"铲屎官"也会相信它是在表达不满。但其实猫这么做是因为行李箱上有了很多新的气味，可能是其他动物的气味，它需要用自己的气味来掩盖这些别的动物留下的令猫不快的气味，重新确认对行李箱的所有权。就像恐惧一样，捕食在猫的大脑里也是一种本能反应。猫有时会把猎物带回家，"铲屎官"会认为这是猫给自己带回来了礼物。但其实这是因为猫认为房子是自己的巢穴，是一个安全和休闲的地方，把猎物带回家是一件再正常不过的事情。

虽然恐惧和快乐等情绪对人类和动物来说是共同的，但是猫有没有更为复杂的情感，比如"嫉妒"和"尴尬"这类社会情绪？要了解猫有没有复杂的情感，应该先来了解如果猫有这些情感，那会有什么作用。毕竟，在野生状态下，所有的行为和情感都会提高个体的生存和繁殖机会，从而提高整个物种的生存机会。比如所谓"爱"，可以被不浪漫地认为是一种依恋，它将两个个体结合在一起，并将一对或两对父母与其后代结合，直到后代能够独立生存。因此，"爱"提高了个体和物种的生存机会。

"铲屎官"往往会有这样的经验，一只猫笨拙地从猫爬架上掉了下来，然后它会根据"铲屎官"是否在场，或者是否正看着它而采取不同的行动。"铲屎官"往往会觉得猫这时候虽然装出一副什么事情都没有发生的样子，但其实内心非常"尴尬"。对人类来说，尴尬与潜在的丢脸、失去地位或失去尊重有关。当人类发生尴尬的事件的时候，往往会去找一些借口挽回自己的颜面。但对猫来说，它不仅是捕食者，也是大型动物的猎物。除此之外，猫大脑中还编码了为了自己的领地和配偶而与其他猫战斗的程序。因此，如果它显示出任何软弱的迹象，就可能会受到更年轻或更健康的竞争对手的挑战，并被驱逐出领地。因此，许多猫会隐藏疾病、受到伤害和疼痛的迹象。一只从架子上掉下来的猫会假装这件事没有发生，也就是说，它没有表现出任何弱点。

"铲屎官"也经常会目睹猫的"嫉妒"表现。比如家中有了婴儿后，有的"铲屎官"觉得自己的猫会嫉妒婴儿并且打算伤害他。再比如，"铲屎官"把另一只小猫带进家中后，原来的猫开始嫉妒地在床上撒尿。其实，猫的行为只是在保护自己的领地。作为一个新来者（不管是婴儿还是新的猫），除非被"铲屎官"小心翼翼地介绍，使其被猫接受为家庭成员，否则就很容易触发猫的应激行为。很少有猫对新来者做出热情的回应，人类必须理解猫是如何看待这个世界的，并理解它是如何反应的，而不是把猫的反应解读为人类的情感。

当新来者出现后，"铲屎官"的注意力一定会被分散。猫能够感受到属于自己的关注变少了，并且能闻到新的气味，听到新的声音，在日常生活和环境中有了令其感到困惑的变化。猫的生活规律一下子被打乱了，这会让它感到紧张和不高兴。猫在床上小便是一种试图用气味标识领地，用以击退入侵者的努力。猫把自己的气味和主人的气味混合在一起，仿佛在说："我拥有这片土地。"如果出现一个婴儿，猫往往不会对其产生过多的敌意。在大多数情况下，反而是婴儿由于不懂猫的肢体语言，对猫做出了威胁性的动作，比如薅皮毛或拉尾巴，这时的猫只好本能采取反抗措施。但在"铲屎官"看来，这就是猫用爪子抓了宝宝。婴儿哭了，父母一边安慰他，一边数落猫。

"铲屎官"的内心一定会更偏向自己的群体，以至有时候一只好奇的猫只是嗅了嗅婴儿，就会被认为是一只嫉妒的猫要发动攻击。但是，嫉妒和复仇是人类的情绪，而不是猫的情绪。

　　动物必须适应不断变化的环境。适应的方式可以分为两种：第一种的速度可能是几辈子，在这种情况下，适应是通过遗传变异产生的；第二种的速度是一辈子，在这种情况下，动物是通过学习来适应的。猫的学习技能并不弱，因此它们能够和人类生活在同一屋檐下，并且能让"铲屎官"心甘情愿地为它们付出。但是猫的这项技能也算不上特别强，因此很多人类觉得理所当然的情感并不会出现在猫的身上，或者说不会以人类想象的那种方式表达出来。猫的感受必须基于它们的需求和环境解释，它们的感受范围相比人类要有限得多，它们对环境刺激的反应也与人类不同。

玩弄基因的
100 种方法

大多数繁育人都了解近亲繁
殖的潜在陷阱，但继续使用
一两个紧密相关的血统来保
存或改进品种猫依旧有着巨
大的诱惑力。

选择性繁育和基因的偶然突变都能使热衷繁育的人类获得猫的更多特性。目前，猫有了不同的模样、毛色和花纹，人类可以利用这些特性有选择地对猫进行混合和匹配来创造新的猫品种。繁育人中的大多数对猫出现的新奇特性都会有一种欲罢不能的追求，举个极端的例子，不乏有人孜孜不倦地追求着既短尾、又折耳、还卷毛，甚至多趾的曼基康。一旦这种包含了奇特特性的品种被培育出来，繁育人就希望这种性状能够持续保持下去。为了稳定性状，人类不得不让这些猫近亲繁殖。

近亲繁殖是让亲缘关系非常密切的猫互相交配，例如母亲和儿子、父亲和女儿，或者亲兄弟姐妹之间。对繁育者来说，这是让一个品种的性状稳定遗传下来的有效办法。其中拥有优秀性状的个体会变成种公或者种母。如果小猫的父母双方都遗传了相同的基因，例如毛的长度和颜色，除非随机突变，出生的小猫100%都将继承该基因。随着时间的推移，所有近亲繁殖的猫的后代都将继承这些特征的基因，繁殖者也可以预测其后代的长相。

在这里就需要了解一下在大自然中生存的游戏规则。你一定不会否认人与人之间的交配十分重要，但人与猩猩之间的交配却是不被允许的。如果人与猩猩的性交能够产生一个混血的后代，那么地球上的生物最终将混交为一种。一旦地球环境发生变化，令这种混交生物无法生存，此时又没有其他物种，地球上的生物就会全部灭绝。正是因为环境适应能力不同的多种生物同时存在于这个世界，当地球环境急剧变化时，才会有一部分物种适应新环境继续生存下去。生物多样性正是保证生命不至于灭绝的首要原因。

简单地说，只要不轻易出现杂交品种就是好的。蟑螂诞生于4亿年前，之后就一直保持着最初的样子，直至今天。它们也压根没想要和人类或者猫咪杂交，生出一个混血。你是你，我是我，各走各的路，即使环境的改变让任何一方灭绝，剩下来的也要继续活下去，为了地球上的生命存续，应当互相尊重。不过，你可不能跟我生小孩，你要和你同类的异性，我要和我同类的异性一起繁衍下一代。正是因为地球上的生物系统是这样一种传宗接代的方式，热闹的生物世界才得以存续。

这里需要举一个草履虫的例子。草履虫是单细胞生物，大小为一毫米的十分之一左右。每个草履虫都有一个胞口，当草履虫之间进行交配时就是口对口地交换细胞核（遗传因子）。双方交换遗传基因时，"最初的遗传基因"和"对方的遗传基因"在同一个细胞内混合并重组，组成新的遗传基因，进入彼此体内成为新的"核"。如果"最初的遗传基因"和"对方的遗传基因"两者完全一样，那么在混合并重组后，就不会有什么变化。

这时候出现了一种病毒。病毒无法依靠自己的力量增殖，它只能事先准备一串DNA，在接触草履虫的表面时用这串DNA来试图进入细胞内部。如果这串DNA的密码和草履虫的不一致，便会被细胞拒绝。然而，一旦双方的密码偶然一致，病毒便可以侵入细胞，在草履虫内部复制自身。它消耗草履虫的营养，以惊人的速度复制。草履虫自身的营养被病毒消耗殆尽，变得脆弱不堪，最终破裂。病毒从中涌出，看到附近原来有好多草履虫的亲戚，它们的密码也都一模一样，于是……

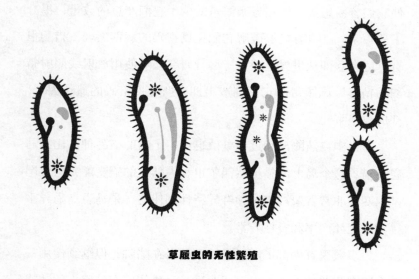

草履虫的无性繁殖

　　阿古屋珍珠是日本最具代表性的一种珍珠，有"和珠"之称。这种珍珠颜色多样，其中以淡粉色最为名贵。为了保持粉色珍珠的美丽色泽，日本人不让产生这种珍珠的母贝阿古屋贝和其他贝种杂交，这使得阿古屋贝的免疫密码逐渐变得一致。后来，破解这种密码的病毒出现，阿古屋贝很快就灭绝了。

　　这并不是说近亲繁殖在自然中不会发生。由于地理等因素，特别是如果一个占优势的雄性与它的姐妹交配，然后与它的女儿和孙女再交配，那么当它被"废黜"的时候，很可能是它自己的儿子或孙子继续近亲繁殖。和猫同属于猫科动物的猎豹就处于这种尴尬的境地。猎豹现在的一对遗传基因已有 1 万年，造成个体具有相似的免疫类型。同样地，缺乏基因多样性使它们容易患病，极端近亲繁殖减少了它们产崽的数量，提升了死亡率。一旦有能够破解它们免疫密码的病毒出现，猎豹很有可能会立即从世界上消失。尽管研究人员使用放射线照射猎豹的精巢，试图帮助它们创造出拥有新免疫密码的遗传因子，却成效平平。

在猫中自然隔离和近亲繁殖也产生了新的猫品种，比如马恩岛猫，这个岛上的猫虽然偶尔也和大陆上的猫交配，但无尾基因变得非常普遍。与这种奇异特性相伴的，是马恩岛猫异乎寻常的高死产率和脊柱异常。

大多数繁育人都了解近亲繁殖的潜在陷阱，但继续使用一两个紧密相关的血统来保存或改进品种猫依旧有着巨大的诱惑力。在猫的基因组中，一些区域被认为是突变的"热点"，例如短腿、短尾、卷毛和无毛的突变。当从一个吸引人的突变中创造一个新品种时，最初的基因库必然很小，有亲缘关系的猫之间经常交配。1960 年的某一天，英国德文郡的一位女士在一口废井旁发现了一窝小猫。其中有一只小公猫和其他猫长得都不一样，它的被毛卷曲，样子十分特殊。这只基因变异的猫就是世界上第一只德文卷毛猫，为了留住这只新奇的猫，人类开始对初代德文卷毛猫的后代进行广泛繁育。在这一过程中，不少猫患上了一种叫作"痉挛病"的遗传性基因病，它几乎让德文卷毛猫这个品种从历史上消失。最后，在几国科学家的共同努力下，健康德文卷毛猫的血系才得以稳定发展，直至今天。差不多剧情的故事也发生在斯芬克斯猫的身上。

所以，玩弄基因是一把双刃剑。一方面，一定数量的近亲繁殖可以稳定和改良品种，产生优质的猫（以人类的审美标准而言）；另一方面，过多的近亲繁殖一定会限制基因库，使品种失去活力。处于品种开发早期的猫是最脆弱的，因为它们的数量很少，而且彼此之间可能有密切的亲缘关系。因此，繁育人不仅需要站在科学的角度，更要摸着自己的良心来平衡近亲繁殖与杂交的比例，以保证尽量给猫一个健康的猫生。

如何复制一只猫

想要克隆出一只猫，人类需要的不是一滴猫血或者一根猫毛，而是需要包含了所有具有形成完整个体的分化潜能的细胞，也就是"全能干细胞"。

2002 年 2 月 14 日，美国得克萨斯州农工大学的科学家公开宣布世界上第一只"克隆猫"诞生，名叫 CC。如果你看过电影《侏罗纪公园》，一定对克隆技术不会陌生。电影中虚构了人类运用克隆技术来复活恐龙的情节，哈蒙德博士（John Hammond）通过一颗来自中生代的琥珀提取到恐龙血液，再以克隆技术重新创造上古时代的恐龙群体，建立了"侏罗纪公园"。

3000 多年前，澳洲大陆及新几内亚岛到处可见一种叫作塔斯马尼亚虎的动物。塔斯马尼亚虎并不是一种老虎，而是一种接近袋鼠类的动物，是澳洲最大的食肉有袋动物，因为身上有斑纹，所以被称为塔斯马尼亚虎。这种动物后来因为在自然界中的竞争能力不强，退居到了澳洲南部的塔斯马尼亚岛。19 世纪初，欧洲人来到了塔斯马尼亚岛并开始养羊。当地政府后来以塔斯马尼亚虎攻击羊群为理由，悬赏捕杀它们，使它们数目大减。1936 年，最后一头塔斯马尼亚虎在霍巴特动物园中死去。没过多久，澳洲博物馆宣布，他们成功地从灭绝的塔斯马尼亚虎标本中提取出了部分 DNA，并加以复制，有媒体开始宣称"克隆灭绝动物有望成功"。

那么 CC 的出生是不是也基于一根猫毛或者一滴猫血呢？很遗憾，真正的克隆技术可不是这么一回事，无论是恐龙还是塔斯马尼亚虎，以人类孜孜不倦向前探索的克隆技术来说，离复活都还有着十万八千里的路程。在克隆技术的背后，是一个对生命的最基本的疑惑。人们很早就认识到所有的动物都是由细胞组成的，以及所有的细胞都来源于一个受精卵。然后细胞从一生二、二生四、四生八……在细胞分化过程中，里面的遗传物质并不曾发生改变，但为何不同的细胞最后组成了完全不同的器官？

1883 年，德国进化生物学家奥古斯特·魏斯曼（August Weismann）提出了一个假说来解释这个现象：细胞每分裂一次，遗传物质就减半，含有不同遗传物质数量的细胞就变成不同形态的分化细胞。这个假说没过多久就被实验所推翻。到了1928 年，英国生物学家弗雷德里克·格里菲斯（Frederick Griffith）首次提供了可以证明 DNA 是生物的遗传物质的证据，遗传学的研究开始从孟德尔时代的宏观实验逐渐发展为分子级别的微观实验。人类意识到 DNA 序列决定了生物的表现型。

不久，生物学家慢慢发现，有时 DNA 序列相同却可能出现不同的表现型。原来，DNA 序列并不是孤立起作用的，而是和蛋白质、RNA 组成了一个叫作"染色质"的精密结构，也是构成染色体的结构。DNA、RNA 和蛋白质上面存在一些额外的基团，如甲基、乙酰基等，被称为"修饰"。"修饰"可不是装饰品，它们会随着细胞状态的改变而改变，也会反过来影响细胞的状态。很多"修饰"还可以在细胞分裂的过程中复制到子代细胞，这些发现逐渐形成了一门新的学科，被称为"表观遗传学"。简单地说，表观遗传就是不依赖于 DNA 序列的遗传，它包括多个各自独立又相互关联的部分，例如，DNA 甲基化、组蛋白共价修饰和 RNA 编辑等。举个例子，人类的同卵双胞胎尽管有相同的 DNA 序列，但人们还是会从他们身上找到一些细微的差异，这正是由于表观遗传现象的存在。

细胞的分化过程，在本质上也是一个表观遗传因素发生作用的过程。当一个细胞向不同方向分化时，相应的转录因子被激活，然后结合特定的 DNA 序列并改变相应的染色质状态，从而改变基因表达的状态。这个过程还可以改变其他转录因子的表达，形成级联效应，最终驱动细胞向相应的方向改变。因此，想要克隆出一只猫，人类需要的不是一滴猫血或者一根猫毛，而是需要包含了所有具有形成完整个体的分化潜能的细胞，也就是"全能干细胞"。

克隆猫 CC 的诞生使用的是被称为"体细胞核移植"的技术。这个方法需要两个活细胞：提供遗传基因的干细胞，称为供体细胞；以及未曾受精的卵子，称为卵母细胞。科学家先把卵母细胞的细胞核去除，然后把供体细胞的细胞核植入。如果细胞成活，待其发展到适当程度，这个胚胎便会被转移到一只代孕雌猫的体内。这个胚胎在代孕妈妈的肚子里长大。由于生物基因信息都储藏在细胞核中，如此一来，供体细胞基因会完全取代卵子的基因，孕育出来的后代的基因特点将与供体完全相同。

CC 的体细胞是由一只叫作"彩虹"的成年玳瑁色母猫所提供的。CC 的诞生是基于 188 次胚胎培育尝试，其中 87 个克隆胚胎被制成并移植到 8 个代孕母猫身上，其中 2 次母猫成功怀孕，但只有 CC 成活下来并长成了一只活泼可爱的小猫。既然是克隆，按理说 CC 应该长得和"彩虹"一模一样，但事实上 CC 和"彩虹"长得完全不一样，它是一只黑白相间的虎斑猫，甚至它的后代中也没有和"彩虹"相同的毛色。

这种"货不对版"的克隆结果并不是其中某一个环节出现了偏差，躲在后面的"罪魁祸首"就是之前所讲的"X 染色体失活"机制。对母猫来说，它的性染色体中并不需要两条 X 染色体，只要有一条就足够存活。所以在雌性中，猫只有一条 X 染色体会被转录翻译产生蛋白质，表现遗传特性，而另一条则是没有用的。至于是哪一条工作，哪一条歇着，没有什么选择的逻辑，是随机决定的。在 CC 身上，橙色基因正好失活了，因此它就成了一只黑白相间的猫。

据说 CC 的性格也与它的遗传母亲非常不同，关于性格的影响可以追溯到代孕猫的子宫。其中的道理很简单，不同的子宫会给小猫不同程度的营养供给。营养不良的猫妈妈所产的小猫会出现大脑缺陷，导致爬行、吃奶、睁眼、攀爬、玩耍和捕食行为发育迟缓。即使在相同的子宫环境中，小猫的发育也会有所不同。如果一个子宫里出生了 2 只公猫和 1 只母猫，那么这只母猫早期就会受到睾酮的影响，这将导致它的大脑较为男性化。这一理论在狗的身上得到了验证，在这种情况下出生的小母狗更有"假小子"的倾向，有些会抬起腿小便。一旦小猫出生，它们所处的环境就变得更加多样化，差异也会迅速扩大。这也就是为什么 CC 后来自然怀孕出生的 3 只小猫也有着非常不同的性格。

因此，即使克隆技术真正得到了商用，某个"铲屎官"正好又保留着自己爱猫的骨髓、内层皮肤等干细胞，依旧不可能再复制出记忆中的那只猫。

论让猫咪去工作的可能性

在现代，虽然没有真正的警猫，但是所谓的"工作猫"还是存在的。工作猫通常的职责也是捕捉老鼠。

"啊啊啊，黑猫警长！啊啊啊，黑猫警长！森林公民向你致敬，向你致敬，向你致敬！"

按道理来说，猫咪身手矫捷，嗅觉灵敏，应该是当警猫的一把好手，和警犬一起在缉毒和搜救工作中发光发热。然而猫却只会在"铲屎官"面前"卖萌"和在街上游荡，它们内心中可没有什么所谓的事业心，所以执行任务的效率非常低下。

在历史上，舰猫一度活跃在船上。很早以前舰船都是木制的，舰上常生鼠患，而老鼠天性爱用木头磨牙，可以说小小老鼠却是舰船的死敌。而猫是老鼠的天敌，在舰上养猫可以有效防治鼠患。后来虽然军舰进入了钢铁时代，但在军舰上养猫的传统却保留下来，舰上的猫不但可以被用来在厨房抓老鼠，还能为无聊的远洋生活增加乐趣。

在历史上，有一只军猫曾获得过大名鼎鼎的"迪金勋章"。迪金勋章是英国颁发给在战争中表现杰出的动物们的勋章，被称为"动物的维多利亚十字勋章"。英国皇家海军远东舰队"紫石英"号军舰上有一只名叫西蒙的猫，绰号叫"西蒙将军"。西蒙是在 1947 年初"紫石英"号停靠在香港补给时被船员带上船的，因为可以保护军舰上的粮食免受老鼠的祸害，成为船上的吉祥物。1949 年 4 月 20 日，在一场炮战中西蒙受了伤，"紫石英"号被困在长江期间，舰上老鼠成灾，西蒙康复后在舰上抓老鼠，鼓舞了舰员的士气。西蒙因此被舰长推荐，获得了迪金勋章。这也是至今为止唯一一只拿到迪金勋章的猫。

西蒙

　　除了舰猫，一些军事机构希望利用猫体形小、行动隐蔽的特点协助他们执行任务，尤其是间谍任务。美国中央情报局在20世纪60年代曾经启动过一个名为"Acoustic Kitty"（窃听猫）的项目，监视他国大使馆。在长达一小时的手术中，他们在猫的耳道中植入了一个麦克风，在猫的头骨底部植入了一个小型无线电发射器，在猫的皮毛上植入了细细的电线，让猫能够记录和传输来自周围环境的声音。第一只窃听猫的任务是在他国驻华盛顿特区大使馆外的公园里偷听两名男子的对话。这只猫在附近被释放，但运气极其不好，还没跑到公园就被一辆出租车撞死了。出师不利后，美国中央情报局重新评估了这个项目，认为训练猫按要求行动实在太困难，决定放弃这个项目。剩下的猫再次动了手术，将被植入的设备从身上取了下来。

在现代，虽然没有真正的警猫，但是所谓的"工作猫"还是存在的。工作猫通常的职责是捕捉老鼠。世界各地的一些谷仓、农场、工厂、仓库、商店、教堂、图书馆、博物馆、邮局等机构或场所会通过饲养猫来抑制鼠害。

比如，在英国唐宁街 10 号首相官邸任职的猫有着"内阁办公厅首席捕鼠大臣"的头衔。这只猫叫作拉里（Larry）。拉里是一只有着雪白肚皮的虎斑猫，从 2011 年 2 月 15 日起担任捕鼠大臣。当时唐宁街 10 号老鼠横行，于是当时的首相引猫入驻解决鼠患。2016 年，卡梅伦辞去首相职务，拉里并未因此而离开。卡梅伦解释说，拉里是公务员，而不是个人财产，所以不会随着首相的改变而离开唐宁街 10 号。因此，拉里会继续担任首席捕鼠大臣，任期终身。但这位捕鼠大臣并没有尽心尽责，经常懒散度日，任由老鼠在眼前流窜，而继续睡大觉。有一次它还被摄影师捕捉到这样的一幕：拉里明明抓到了一只小老鼠，然后又放开了它，最后任凭小老鼠从眼前溜走。英国政府目前除了有职务的拉里外，财政部也有一只黑色短毛猫，叫格莱斯顿，外交部养了一只黑白猫叫帕默斯顿。不过在

拉里

这么多的猫之中，最受欢迎的还是拉里，它有着一个非官方 Twitter 账号，拥有 50 多万粉丝。

在美国，一些动物保护团体也小范围地实施了工作猫计划，将流浪猫训练为工作猫。比如，美国芝加哥市已连续六年获得"老鼠之都"的称号，每当夜晚降临，老鼠们就开始蠢蠢欲动。这些横行的鼠客不仅破坏商品，还会带来疾病病毒，使当地居民不胜其扰。酒厂的员工表示："晚上在工厂仓库熄灯后，就看到这些不请自来的鼠客，在天花板和你对目相望。长达 30 厘米的老鼠狠狠瞪着我，似乎在说：'还不走吗？鼠大人我可是饿了。'让人不禁一身恶寒。"

"树屋"（Tree House Humane Society）是一个在美国国内以不笼养、反扑杀的理念设立的动物保护机构。"树屋"所经手的流浪猫中，许多都能找到自己的家。然而其中还是有性情不愿受拘束，即使花上一辈子，也无法习惯和人类共同生活的流浪猫。为此，"树屋"便启动了一个新项目，将那些野性难驯、还未有家庭领养的猫送到鼠害猖獗的工厂及公司机关内饲养。虽然工作猫计划的猫是被派去抓老鼠的，不过福利相当不错。为了让猫熟悉新环境，"树屋"的工作人员会将狗屋改造成猫公寓，在里面准备好厕所、猫抓板及玩具等猫生活用品，并由机构的志愿者定期去照顾它们。对猫来说，熟悉新环境需要大约 4 周的时间，每日需要喂食 2 次，并且生病时需要让它们接受专业、完善的治疗。对公司来说，一次聘请 3 只猫需要花费大约 600 美金。

　　虽说猫是捕鼠的好手，但并不代表它们是捕鼠的积极分子，尤其是在衣食无忧的情况下。牛津大学的动物学家做了个实验，结果发现只有在限定区域内投入大量的猫，才可能杜绝鼠患，而且还得时不时给予猫奖励，猫才有动力捕鼠。不过，猫即使不去捕捉老鼠，到处溜达的天性也会让它们在各个地方留下味道，老鼠感受到猫遗留下来的信息素后也会收敛一些。

　　中国新疆地区一直深受草原鼠患困扰，严重的区域甚至寸草不生，导致当地居民饲养的羊无草可吃。当地居民除了借用老鹰及狐狸等动物帮助灭鼠外，近年来，也开始借助邻近城市中流浪猫的力量。相比之下，猫的性情控制和驯服成果比鹰和狐狸都要稳定，草原鼠害渐渐在流浪猫的帮助下得到控制。在中国台湾的台南市，当地政府推广了"零安乐死"政策，他们将捕捉到的流浪猫派遣到农家，用这些猫驱退危害农作物的田鼠，保护农产品。农民纷纷表示，猫的捕鼠成果不错，田鼠横行的状况得到了极大的控制。

咖啡馆的猫

"当你孤独的时候，猫是最善于倾听的。"

如今在中国，猫咖啡馆（下文简称猫咖）似乎是一种新鲜事物，在几年的时间内很快就在一、二线城市纷纷开张。

作为咖啡馆，顾客在那里可以喝一杯饮料或吃点东西，而周围的猫可以在房间里自由移动。猫咖力图在人与动物之间建立一种幸福的关系。这种关系在高速运转的现代都市中往往是缺乏的，虽然中国的大多数住宅楼并不限制饲养宠物，但是由于生活节奏过快，很多年轻人在经济和精力上并不能承担相应的付出。因此，猫咖把人类与猫有关的互动搬离了家，搬进了店。在这里，客人可以选择待多久，以及是否为自己和猫购买食物。

猫咖这一空间可以说是一种从现实中特地被剥离出来的存在。在有限的一段时间内，人类在这里获得一种自己的期待被满足的经验，然后离开这一空间后依旧能保持正常的世俗关系。进入这一空间有时候需要遵循特定的仪式，比如猫咖要求顾客进入时必须脱掉自己的鞋换上店里的拖鞋，还要洗手或消毒。这种仪式是与人类平常的做法相矛盾的。通常，在触摸动物后洗手是一项良好的卫生习惯。但在猫咖这一空间中，猫已经不再只是动物那么简单，而是在文化上被赋予了价值，是某种被神圣化的对象。猫不再是潜在的细菌载体，而是一种象征着一定纯洁性的存在，不能被污染。在这个精心编排的空间中，还存在着各种各样的明确规则：有些猫咖禁止狗和儿童入内，有些猫咖禁止相机闪光灯，或者禁止向猫提供人类食物。

猫咖往往会提供给客人一些小册子，里面包含猫的一些记录，比如照片、名字、年龄、品种，以及它们的一些故事。一方面，猫咖提供了一个人与猫和谐共处的空间；但在另一方面，它也试图在猫和顾客之间建立直接关系。比如让客人认为自己并不是简单地在逗猫，而是与一只特定的猫建立特殊的情感纽带。在这些小册子中，对动物的介绍往往在两个不同的方面来影响客户的心理：一方面，猫咖中的一些猫也许是纯种和稀有品种，重点放在对人的审美影响上；另一方面，其中一些猫是被领养和被救助的，从而激发顾客的怜悯和同情之心。

不过，有些猫咖老板为了充分利用猫的情感和感官品质，吸引特定的猫咪爱好者，打造固定的顾客群体，会专门经营拥有某些品种（例如挪威森林猫、布偶猫）或特定年龄类型（仅限于小猫）的猫咖，将自家猫咖与其他猫咖区分开来。

在猫咖这一空间中，装饰设计往往也有着与众不同之处。一方面，有一些地方可以复制"自然"，通常使用树脂和合成橡胶等材料，制作假木屋、树木等装饰，展现出一种模拟出来的自然环境。在这种情况下，猫是自然的一部分，这表示它们的本性可以追溯到野外，猫拥有野性。另一方面，猫咖也需要呈现出一种文化景观，比如有经典咖啡馆该有的桌子、椅子和柜台，但使用天然材料（木材、石头等）。在这种情况下，猫又被视为城市宠物，可以在人类的枕头之间腾挪，可以凝视窗外的景色，甚至使用平板电脑观看视频来娱乐自己。

顾客可以观看猫伏击玩具老鼠的场面，或尝试自己跟它们玩耍，然后或多或少吃一些店家出售的食物，从中得到内在的放松。在这个奇异的空间中，不仅猫需要被人类喂养，人类也是需要被猫喂养的。

猫咖这种奇异的空间在中国大陆上没有出现太久，但事实上20世纪90年代时就在台湾地区出现，后来被引进日本，在日本特别受欢迎，在2009年达到了顶峰，至今依旧未显颓势，并从此在世界各地传播开来。

2012年上映的电影《租赁猫》中的主人公小夜子有这么一句台词："当你孤独的时候，猫是最善于倾听的。"小夜子是一位富有创业精神的年轻女性，住在她已故的祖母家里，家里到处都是猫。为了有效地利用似乎占领了这座房子的猫群，小夜子设计了一个商业计划：把猫租给孤独的人。她的客户包括一位年老的寡妇、一位因工作性质而与家人分居的商人、一位汽车租赁公司的年轻单身女店长，以及与小夜子久别重逢的中学时代的一名男同学。影片通过人与动物的互动，特别是与猫的互动，来实现人类内心渴求治愈的愿望。猫咖的存在其实就是短暂地租赁猫，售卖其情感劳动，这种劳动的产物就是对顾客的疗愈，让顾客感到放松和产生平静的感觉。

尽管围绕猫咖营销的讨论是"治愈"，但在动物权利运动和动物保护组织中，普遍存在对这种商业形式的反对声音。猫咖往往活跃在夜生活区，会营业到很晚，猫被迫在明亮的灯光下保持清醒，并且在顾客的持续关注中承受过度的刺激。

在晚上下班后，很多猫咖中的猫并不会直接在店内就寝，而是被带到附近的房子里。因为如果这些猫睡在咖啡馆里，它们第二天在营业时间里就会不快乐。这代表着猫所付出的情感劳动对它们的身体和心灵有一定的影响。有时候，新来的小猫只能在满是顾客的咖啡馆里待上半天。有些猫会在咖啡馆工作和休假之间轮换。在这里，休假意味着在附近的公寓或者咖啡馆的后屋里待上几天到一周。

由于猫咖的实质在于顾客为与猫的直接接触付钱，因此对猫来说它们的这份工作自然就带上了剥削性。大多数猫咖都会提供礼仪指南，指导顾客不要叫醒熟睡的猫，含蓄地告知顾客猫是夜间活动的动物。然而，猫咖的员工并不会真的责骂顾客或劝阻他们不要爱抚或以其他方式骚扰熟睡的猫。相反，猫经常在白天被叫醒并被放在等待着的顾客周围。

猫咖在亚洲普及开来是经济日益非物质化的一个有趣现象，在这一时刻，社会关系变得越来越商品化和私有化。猫成了一种情感对象，顾客可以通过猫接受"治疗和刺激"来应对自身的负面情绪。事实上，猫咖可能满足了人们对亲密关系的渴望，不是那种家庭生活式的亲密关系，而是一种更为灵活，人可以自由进入和建立连接，也随时可以断开和离开的关系。简单地说，在猫这个理想的非人类演员的付出下，猫咖的存在就像是一个去除了责任、负担、零碎杂事的理想化的家。

第四章

入侵物种？！
可爱派杀手

根据现有的记录，猫已经在全世界范围内的岛屿上造成了30个物种的灭绝。

国际自然与自然资源保护同盟（International Union for Conservation of Nature and Natural Resources，IUCN）物种存续委员会（Species Survival Commission，SSC）的入侵物种专家小组曾发布了一份"世界百大外来入侵种"列表，时至今日一直收录在全球入侵物种数据库中。或许你不相信，平常在你眼中软萌可爱的家猫正是这百名大将中的一员，被称为"生态杀手"。

什么是"入侵物种"？如果一个物种经人为引入一个其先前不曾自然生存的地区，并有能力在无更多人为干预的情况下在当地发展成一定数量，以致威胁到当地的生物多样性，成为当地公害，就可被称为"入侵物种"。这样的定义似乎跟猫给人类的印象非常不一样。一直以来，猫作为一种被驯化的动物，长时间存在于人类家中和家门外的世界，随着人类走到了世界各个角落，猫也就变成了某些地域的外来物种，而作为动物，消耗自然资源也在所难免，但猫的存在真的威胁到当地的生物多样性吗？甚至入围"世界百大外来入侵种"这样的榜单？

要知道想入围百强榜单，是具有过硬的成绩才行的。家猫和其他很多被驯养的家畜并不相同，作为宠物的家猫即使走入了人类社会，也仍然对野外有着不差的适应能力。一只散养的宠物猫，即使做了绝育手术（不会为了追求异性而狂奔），有主人提供充足的猫粮，它依旧可以每天在外游荡近 24 平方千米的区域。你能想象它在漫步时做了什么吗？目前，关于猫杀害小动物的研究已经累积了许多成果，这些成果无一例外地指

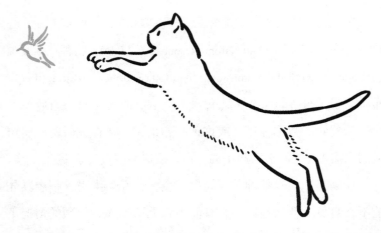

出猫的活动对一些野生动物的生存有着重大的威胁，其中又以小型哺乳动物和鸟类最为严重。

英国布里斯托大学的科学家在 2003 年发表了一篇报告，他们对 1400 个养猫家庭进行了为期 5 个月的追踪，发现在追踪期间平均每只猫叼了 16.6 只动物回家。若以英国家猫总数估计，不到半年的时间可能就有 9000 万只小动物受到伤害。2013 年，意大利罗马大学的科学家分析了四个野生动物救援中心收治的 1012 只蝙蝠的记录，发现猫的捕食是致使蝙蝠受伤的首要原因，占救援中心收治成年蝙蝠记录的 28.7%。

史密森保护生物学研究所（Smithsonian Conservation Biology Institute）及美国鱼类和野生动物管理局（U.S. Fish and Wildlife Service）的学者在《自然·通讯》杂志上估算了猫每年在美国的战绩：自由放养的猫科动物每年杀死 13 亿至 40 亿只鸟类和 63 亿至 223 亿只哺乳动物（见下页图）。

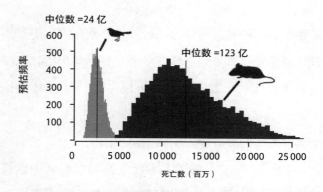

中位数 =24 亿

中位数 =123 亿

预估频率

600
500
400
300
200
100

0   5 000   10 000   15 000   20 000   25 000

死亡数（百万）

预估家猫每年在美国引起的鸟类和哺乳动物死亡数量

　　为了控制流浪猫的数量，爱猫人士和许多国家的动物保护团体都提倡进行诱捕、绝育、回置计划（Trap-Neuter-Return，TNR）。2002 ～ 2004 年，加利福尼亚州立大学的研究人员在卡特琳娜岛上曾经开展过一次 TNR 行动，预想是对全岛的 700 多只流浪猫中的一部分进行绝育手术，然后研究绝育后的动物行为。然而在执行过程中，他们发现了一个意想不到的事情，少量流浪猫的绝育并不会对整体猫群的数量造成影响，而且绝育也并不影响流浪猫的移动和捕食。有意思的是，他们对流浪猫进行了绝育，这些猫的平均寿命因此而延长，可以说 TNR 无法减轻野化家猫对野生动物的威胁，甚至与保护脆弱物种和恢复原生态系统的努力背道而驰。

　　除了这些研究，猫在历史上也留下了斑斑劣迹。不知道你有没有听过斯蒂芬岛异鹩这种鸟？是不是很陌生？因为它们已经灭绝了，全世界只剩下了 15 个标本。斯蒂芬岛异鹩原本是新西兰斯蒂芬岛的一种雀，不懂得飞行，主要吃昆虫。但是当一只猫随着灯塔的看守者来到斯蒂芬岛上，并繁殖出野化家猫群体后，这种不会飞的小鸟就遭受了灭顶之灾，在 1895 年彻底灭绝。

另一个非常类似的故事则发生在索哥罗鸠的身上，它是鸠鸽科动物的一种，是位于太平洋雷维利亚希赫多群岛中索哥罗岛上的特有种。猫跟着人类来到了岛上，致使索哥罗鸠于 1972 年在岛上灭绝，目前全世界人工驯养的纯种个体据估计少于 100 只。

除了鸟类外，猫的灭绝战绩中也有哺乳动物的影子。小斯旺岛牛鼠是分布在洪都拉斯东北部天鹅群岛的硬毛鼠。它们行动迟缓，外观像豚鼠，但是由于猫的入侵，现在也只剩下了标本。

有没有发现，上面的这些灭绝故事都是发生在岛屿上，这是由于岛屿天然的地理隔绝，使得上面的物种灭绝很容易被记录。而在大陆地区，猫对野生动物的捕食情况比较难以跟踪调查。根据 2011 年的统计，猫已经在全世界范围内的岛屿上造成了 30 多个物种的灭绝（见下页表）。

虽然摆了这么多数据，你是不是依旧难以相信猫的杀伤力居然有那么大？这种观念其实非常普遍，除了澳大利亚和新西兰之外，地球上其他国家的人都不怎么相信宠物猫会带来这么恐怖的危害，但事实就是事实。

目前，想要完全解决家猫对物种多样性的危害问题是不可

33 种被猫灭绝的岛屿物种

种类	中文名	学名	岛屿
爬行动物 (2)	纳瓦萨卷尾鬣蜥	*Leiocephalus eremitus*	纳瓦萨岛（美国）
	圣斯特凡诺岛壁蜥	*Podarcis sicula sanctistephani*	圣斯特凡诺岛（意大利）
鸟类 (22)	查塔姆吸蜜鸟	*Anthornis melanocephala*	芒厄雷岛（新西兰）
	查塔姆蕨莺	*Bowdleria rufescens*	芒厄雷岛（新西兰）
	查塔姆秧鸡	*Cabalus modestus*	芒厄雷岛（新西兰）
	瓜达卢佩凤头卡拉鹰	*Caracara lutosa*	瓜达卢佩岛（墨西哥）
	笠原腊嘴雀	*Chaunoproctus ferreorostris*	小笠原群岛（日本）
	北岛沙锥	*Coenocorypha barrierensis*	小巴里尔岛（新西兰）
	瓜达卢佩北扑翅䴕	*Colaptes auratus rufipileus*	瓜达卢佩岛（墨西哥）
	夏威夷乌鸦	*Corvus hawaiiensis*	夏威夷岛（美国）
	麦岛鹦鹉	*Cyanoramphus novaezelandiae erythrotis*	麦夸里岛（澳大利亚）
	冕鸠	*Microgoura meeki*	舒瓦瑟尔岛（所罗门群岛）
	斑唧鹀	*Pipilio maculates consobrinus*	瓜达卢佩岛（墨西哥）
	夏威夷秧鸡	*Porzana sandwichensis*	夏威夷岛（美国）
	白领圆尾鹱	*Pterodroma cervicalis*	拉乌尔岛（新西兰）
	红冠戴菊	*Regulus calendula obscurus*	瓜达卢佩岛（墨西哥）
	笑鸮	*Sceloglaux albifacies*	斯图尔特岛（新西兰）
	火冠蜂鸟（亚种）	*Sephanoides fernandesi leyboldi*	亚历杭德罗·塞尔扣克岛（智利）
	比氏苇鹪鹩（亚种）	*Thryomanes bewickii brevicauda*	瓜达卢佩岛（墨西哥）
	斯蒂芬岛异鹩	*Traversia lyalli*	斯蒂芬岛（新西兰）
	新西兰鸫鹟（亚种）	*Turnagra capensis minor*	斯蒂芬岛（新西兰）
	丛异鹩	*Xenicus longipes*	斯蒂芬岛（新西兰）
	索哥罗鸠	*Zenaida graysoni*	索科罗岛（墨西哥）
	启利氏地鸫	*Zoothera terrestris*	小笠原群岛（日本）

（续表）

种类	中文名	学名	岛屿
哺乳动物 (9)	贝氏刚毛囊鼠	*Chaetodipus Chaetodipus baileyi fornicatus*	德克·哈托格岛（澳大利亚）
	小斯旺岛牛鼠	*Geocapromys thoracatus*	小斯旺岛（洪都拉斯）
	达尔文稻鼠	*Nesoryzomys darwini*	圣克鲁斯岛（厄瓜多尔）
	山稻鼠	*Nesoryzomys indefessus*	圣克鲁斯岛（厄瓜多尔）
	加拉帕戈斯稻鼠	*Oryzomys galapagoensis*	圣克里斯托巴尔岛（厄瓜多尔）
	纳氏稻鼠	*Oryzomys nelsoni*	玛丽亚马德雷岛（墨西哥）
	格拉尼图岛鹿鼠	*Peromyscus guardia harbinsoni*	格拉尼图岛（墨西哥）
	梅希亚岛鹿鼠	*Peromyscus guardia mejiae*	梅希亚岛（墨西哥）
	圣罗克岛白足鼠	*Peromyscus maniculatus cineritius*	圣罗克岛（墨西哥）

能的，但是，有很多方法可以减少猫对环境的影响。这里有两个方法，读者可以依据个人喜好选择。

方法一，适用于人类中的冷血者。

为了保证一些岛屿上的动物不再灭绝，把猫从岛上赶走最有效的办法就是消灭它们。这听起来很残忍，但是猫不属于这些岛，它们对当地的生态系统非常有害。对陆地上过多的流浪猫，可以采取捕杀控制数量的方法。这种方法在澳大利亚被证明确实行之有效。2013 年 11 月 ~ 2015 年 11 月，科学家们做了实验，把一些区域内的猫全部赶走。结果发现，在猫被赶走的地方，这两年内爬行动物的丰度显著增加。2018 年，澳大利亚野生动物保护协会为防止猫威胁澳大利亚本土野生动物，打算放大这一策略，他们修建了全球最长的"猫长城"，一道长达44千米的围栏围出了94平方千米的"无猫区"，使兔耳袋狸、袋食蚁兽、金袋狸、西部袋鼬和黑脚岩袋鼠等10种本土濒危野生动物得以在此休养生息。

当然，看本书的你一定不会选择这个方法。

方法二，适用于人类中的"铲屎官"。

让自己的猫尽量待在室内，不让它们出门游荡，这样可以减少小动物被杀害的数量，也会降低你毛茸茸的朋友感染疾病或寄生虫、被车撞、迷路，或被其他动物或孩子攻击的概率。如果你没有繁育的意愿，就给你的猫做绝育手术，这样可以防止猫意外怀孕。如果身边有朋友想要养猫，可以推荐他们以领养代替买卖。说实话，这个方法比较温情，但真的解决不了问题，只能多拖一天是一天。

人道毁灭和 TNR

流浪猫不仅对生态环境造成了非常大的影响，还无声无息地在人类和猫咪之间筑起了一堵灰色的墙。

在城市的街头巷尾，除了行色匆匆的人类以外，猫的身影也变得越来越多。这些流浪在街头的猫绝大多数都不是自己选择了这个流浪者的身份，而是因为人类才无家可归。

一只流浪猫的成因是多种多样的，但一般可以分作三派。

第一派是"走失派"：可能是"铲屎官"带着猫出门，但疏忽大意导致猫走失；也可能是"铲屎官"搬家，猫对新环境不熟悉，出门遛弯后就找不到回家的路；还有可能是猫发情了，出门去鬼混，这个时候的猫特别容易走失。

第二派是"弃养派"：责任心不强的"铲屎官"只要感觉到麻烦或者厌倦，总能找到理由弃养猫。例如，猫因为应激反应随地大小便，或者猫因为发情而叫唤，再或者因为"铲屎官"搬家、怀孕、过敏以及工作调动不方便继续养猫。除了这些普通的理由之外，还有担心受到道德谴责而不敢明说的理由，那就是猫生了病。有些主人认为带猫去宠物医院看病很麻烦，且花费不菲。当猫慢慢病情恶化后，身体不适的猫不再能和主人进行有爱的互动，于是主人就会选择把猫遗弃。美国防止虐待动物协会（American Society for the Prevention of Cruelty to Animals）在 2015 年做了一项调查，在所有被弃养的猫中，由于生病、叫声、卫生等原因而被遗弃所占的比例是最大的，达到了 46%；而家庭原因（女主人怀孕、工作调动等）和住所原因（搬家、装修等）则分列第二、第三位，分别占到了 27% 和 18%；另外在因猫咪生病而遗弃宠物的主人中，有 26% 的人表示自己无法负担宠物猫的医疗费用。

第三派是"繁衍派"：猫的繁殖能力非常强，一只母猫一年可生 3 胎，每胎产 3 ~ 7 只小猫，小猫长到 6 ~ 8 个月就能开始繁殖小小猫，因此猫在资源充足且没有天敌的情况下数量可以呈指数倍增长。按照纯逻辑的推演，当一只未绝育的母流浪猫找到了一只公猫和它交配，若是它的后代均成活并继续繁殖，在 8 年后可以繁殖出 207 万只猫。当然，现实中的故事并不会那么极端。流浪猫的寿命跟在家饲养的宠物猫没法比，在有限的环境中流浪猫的容量会有一个限度，当总数超过承载的限度后猫的生存质量就会下降。在寒冷一些的城市，大多数的流浪猫都活不过冬天。

这些沦落街头以天为盖、以地为舆、四海为家的猫，成为一个不小的问题。在上海、广州、杭州等大城市，流浪猫的总数估计超过了 20 万只，而北京一地已经有大约 20 万只流浪猫在街头游荡。

流浪猫不仅对生态环境造成了非常大的影响，还无声无息地在人类和猫咪之间筑起了一堵灰色的墙。不可否认，流浪猫太多会干扰人类的正常生活，引起当地居民的反感。尤其是当爱猫人士给流浪猫喂食，以致大量的流浪猫集中出现，这会引起一些对猫没有好感的人类的仇视。

流浪猫对喂养它们的爱猫人士来说，也并非真的那么友好，至少它们身上携带的病毒会对人类产生威胁。大部分流浪猫都没有接种过疫苗，因此它们很容易感染上猫白血病、猫艾滋病以及狂犬病等疾病。其中对人类威胁最大的莫过于狂犬病，这个以狗命名的疾病实际上任何温血哺乳动物都可以成为其载体和传播者，而猫正是狂犬病的第二大疫源和传播宿主。除了狂犬病之外，流浪猫还可能会传播弓形虫病、猫抓热等人猫共患的疾病。

为了解决流浪动物的问题，各个国家可以说是费尽心思，主流的方法有两种："人道毁灭"和"TNR"。

人道毁灭（Animal Euthanasia）是以最低的痛苦程度，把动物的生命"人为地结束"。英文中的"Euthanasia"源于希腊文，有"好的死亡"或"无痛苦的死亡"的含义，也就是安乐死。

在流浪猫的人道毁灭道路上走得最为坚决的国家是日本。在日本，被捕到的流浪猫若在 3 ~ 7 天内无人领养，就会被送进名为"梦之盒"的密闭容器，并通过释放毒气将其处死。据日本媒体报道，日本 2004 年度全国保健所等机构共收养被弃或迷路的猫 23.9 万只。除少数被认养外，90% 以上的猫被人道毁灭。到了 2015 年，日本仍只有 11% 的流浪猫被领养，剩下的猫都会在"梦之盒"中挣扎着死去。

在美国，全国范围内共有约 5000 个社区动物收容所，每年有 500 万 ~ 700 万宠物会进入这些收容所中。流浪猫在收容所里一般会有 1 ~ 2 周的招领限期，在这个时间内流浪猫仍不被新的主人领走的话，就会被人道毁灭。

人道毁灭毕竟要夺取猫的生命，一些动物保护团体在20世纪80年代后期和90年代初期在美国推广了一种名叫"TNR"的方法，提倡用一种更人道的方式管理和减少流浪猫数量。

TNR分别是诱捕（Trap）、绝育（Neuter）和回置（Release）三个英文单词的首字母缩写。具体的过程就是：

诱捕：对猫群数量进行定点统计，并用食物引诱、捕猫笼等安全的方法捕捉流浪猫。

绝育：对流浪猫实施绝育手术，将公猫的睾丸和母猫的卵巢通过手术去除。绝育后会在耳朵尖去一角做标记，公猫一律于左耳做标记，母猫则在右耳做标记，用于辨别流浪猫是否绝育。

回置：绝育后的流浪猫会被放回原来发现和捕捉它们的地方，而不是随意释放到非其原生环境当中，目的是避免流浪猫陷入无法适应新环境而难以生存的风险当中。

推崇这一方法的人认为，当一群流浪猫依靠资源驻留于当地，往往因为没有绝育而繁殖增加数量，当资源不足以支撑整个族群生命所需，将会产生攻击行为及族群外移，造成社会问题。若将区内的流浪猫扑杀，周围区域的流浪猫很快就会受食物及地盘等生存资源吸引而来，填补空缺。通过绝育流浪猫，可抑制流浪猫每年所繁殖出的庞大生物数量，同时亦可筛检流浪猫，将具有危险性的流浪猫进行安乐死，而那些于社会无害的流浪猫则放回原地。这些回置的流浪猫可以占据当地生活所

T

N

R

需资源，并以猫本身所具备的地域性驱赶外来的流浪猫，让该地区中流浪猫的数量维持在一定范围内。

2013 年，TNR 有了一个升级版，叫作 TVHR，全称是 Trap-Vasectomy-Hysterectomy-Release（捕捉－输精管与子宫切除－回置）。

在 TNR 中，绝育的方法是将公猫的睾丸和母猫的卵巢通过手术去除。这种方法从根本上消除了猫的繁殖能力。猫的性行为由性激素刺激产生，而卵巢和睾丸正是分泌性激素的主要器官。没有了性激素产生的器官，在失去繁殖能力的同时，猫很多与繁殖相关的行为，比如攻击性、领土保护、发情号叫、撒尿标记地盘等，也会随之消失。

TVHR 其实是采取一种全新的绝育手术，手术去除的是母猫的子宫以及公猫的输精管。作为哺乳动物的猫和人类一样，子宫是放胎儿的地方，输精管是运送精子到射精管的通道，如果没有了这两样东西，猫同样会丧失繁殖能力。但与 TNR 不同，采用新方法绝育的猫保留了卵巢和睾丸，也就是性激素分泌的器官，因此依然保留交配行为。猫是具有领地意识的动物，公猫对领地范围内的母猫有占有欲，在雄性激素的操控下，公猫不会轻易允许另一只公猫侵犯它领地内的母猫。TNR 方法绝育的公猫（没有了睾丸），则不会在乎别的公猫在自己曾经的地盘繁殖后代。TVHR 绝育的公猫与一只没有经过任何方法绝育的母猫交配以后，母猫成功排卵但因为没有受精而不会怀上小猫，它会经历 45 天的假孕期，在这期间，这只母猫不会对任何公猫产生兴趣，一心以为自己在孕育小猫。

关于 TNR 和 TVHR 的成效验证有着不少研究，但也有不少研究者持质疑态度。

1998 年 8 月，美国得克萨斯州农工大学在校园内实施了 TNR，以管理流浪猫的数量。实施一年后，在校园中再次诱捕流浪猫时，小猫的比例明显下降。在另一项研究中，佛罗里达大学的学者在校园里长期推广了 TNR，校园中的猫数量减少了 66%，并且由于新移入的猫很快就被绝育，三年后校园中就不再发现幼猫。

除了校园这样小范围成功的例子以外，中国台北市动物卫生检验所于 2006 年 7 月开展"街猫绝育回置 TNR 方案"。台北市动物卫生检验所结合民间资源以及义工人力，并补助民间团体执行社区流浪猫 TNR 方案的费用。原本 2005 年台北市内的街猫总数为 14499 只，而在 2013 年的普查时已经大幅下降至 4879 只。这是至今为止经过证实能在大范围中利用 TNR 方法有效控制流浪猫数量的例子。但不可否认的是，该计划调用了相当多的资源以保证每一年的有效执行。

一些动物保护组织的成员和学者表达了对 TNR 和 TVHR 的担忧，他们认为虽然高成效绝育理论上可降低群体数量，实际上却可能因为外来猫移入而失败。加利福尼亚州立大学的一项研究则认为在假设完全没有外来猫的情况下，必须至少有

71% ～ 94% 的猫绝育才能减少野猫数量。他们统计了几个长期研究发现猫群数量并没有显著减少，而在几个案例中因为外来猫，猫的数量反而增加了。因为猫群数量不稳定且大量的猫会在城市与林地间迁徙，当一个地方有可靠的食物来源时，猫群的密度就会激增。

2013 年，美国塔夫茨大学的兽医联合学校的工程师用数据模拟的方法比较了人道毁灭、TNR 和 TVHR 三种控制流浪猫数量的方法。这个数据模型模拟了 200 只猫在 6000 天中分别通过三种方法进行数量控制的结果。模型考虑了母猫的繁殖周期，野外生存的存活时长，公猫母猫在不同年龄、不同繁殖状态的初始数量，母猫交配次数对排卵成功率的影响，小猫是否去势对小猫寿命的影响，等等。三种方法都从 2000 天的时候开始介入，进行 20 次模拟后得到了以下结论：

如果每年捕捉的猫比例小于或等于 19% 的话，不论哪种方法都不能有效减少流浪猫的数量。但是如果比例大于或等于 97% 的话，三种方法都是有效的，且人道毁灭最有效，其次是 TVHR，最后是 TNR。在 19% ～ 97% 的捕捉区间里，TVHR 比另外两种方法更有效。

如果每年用 TNR 或者人道毁灭的方法处理 57% 的流浪猫，可以获得猫数量上 25% 的减少。与此同时，只要用 TVHR 的方法处理 35% 的流浪猫，就可以获得猫数量上 50% 的减少。在 35% ～ 57% 的捕捉范围内，使用 TVHR 可以在 4000 天的时候彻底使这个流浪猫群消失。要达到同样的效果，使用 TNR 或者人道毁灭需要大于 82% 的捕捉范围。

从整体上来看，TVHR 抓捕率在 10% ～ 90% 这个区间里对流浪猫都有着一定的控制效果。但这毕竟只是数据上的模拟结果，无论是三种方法中的哪一种，都需要花费相当的人力物力去搜寻流浪猫并处理。如果在这个过程中人们依旧持续丢弃宠物猫，那么再好的计划也只会成为泡影。

想要控制流浪猫的数量，不仅仅要从猫下手，还要从人类入手。在英国，若要饲养宠物，就必须给它们最好的待遇，若没有达到法律规定的饲养标准，还将收到法院的传票。若是主人不慎造成自己的宠物猫走失，也要缴纳 25 英镑的罚款。在意大利，遗弃宠物者最高可被判 3 年监禁或 160 000 欧元的罚款。中国台湾则规定弃养动物可判最高一年的监禁。在荷兰，如发生动物弃养事件，对遗弃者最高可以处以三年以下有期徒刑，并永远禁止其再饲养宠物。

建立合理的宠物福利保护法所能保护的可不仅仅是宠物而已，它保护的是猫和人类之间温暖的未来。

一口一只
小猫咪

人类和猫在食物链中处于大致相似的位置，两者经常是竞争对手，而不是捕食者和猎物的关系。

人类必须吃饭才能生存，每一个人对于食物都有着自己的选择，这是因为在历史上的大多时期，人类都是非常本土性的生物，有着与其生存环境和文化相匹配的习惯。但是从 20 世纪开始，人类的全球化导致了烹饪冲突，一种文化中的美味在另一种文化中就成了禁忌。直到有一天，一群爱猫如子的人发现另一个地方的人正大快朵颐地吃着猫肉。

　　珍·博卡兹（Jean Bungartz）在他 1896 年出版的《猫的图解》（*Illustriertes Katzenbuch*）一书中提到了在中国和亚洲其他地区吃猫的现象。他写道："中国的垂耳猫是为了吃肉而饲养的，被认为跟面条和米饭搭配是美味佳肴。这些猫被关在小竹笼里，像鹅一样吃了大量的食物而发福。猫是长毛的，通常是奶油色，比家猫大。"1840 年的《世界地理画报》（*A Pictorial Geography of the World*）刊登："中国主要的食物是米饭，几乎所有人都要吃米饭，但是在北方，更多的是玉米。满族人吃马肉，而也有些人，因为贫穷而以狗、猫和老鼠来充饥。"文献证据表明，在中国部分地区，猫确实成为当地饮食的一部分，甚至曾被饲养成肉、皮毛两用的牲畜。几个世纪以来，中国时常遇到灾年，使得这里的人吃的肉类和蔬菜种类比大多数西方人要多。中国广东也有吃猫的现象，据《羊城晚报》估计，野味市场上的猫档在冬天每天可以轻松卖出 300 ~ 400 千克的猫肉。在三个野味市场，大约有 80 个摊位在卖猫，相当于每天可以卖出 1 万只猫。

"二战"后，驻扎在新加坡的军事人员曾报告说，他们在那里吃过用猫肉做的名叫 Keema Roti（辣肉馅饼，一种印度美食）的菜肴。这些猫生活在雨季的下水道里，当时很容易找到。虽然现代新加坡人可能会对此提出异议，新加坡的食品法规和穆斯林文化也限制了在 Keema Roti 中使用猫肉。但在过去的不同时期，许多国家都使用过非典型性食物来源。据说，吉卜赛人在印度各地都吃猫，但从未公开。同样，在斯里兰卡，猫是被不公开食用的，但经常会有关于斯里兰卡屠夫和餐馆非法出售猫肉并伪装成其他肉类的故事。每年 9 月，秘鲁卡涅特都会举办"吃猫节"。这些被吃掉的猫是专门为这个节日而饲养的，食客们认为吃猫肉可以治疗支气管疾病，也有人认为猫肉有壮阳作用。

猫在西方世界中是一种伴侣动物，但在亚洲为主的一些地区，人们饲养猫的目的则是食用。西方的电视节目也曾展示过有些地区的餐馆里猫肉的制作过程。

一些动物保护组织也曾在传单上印上了某些国家杀猫取肉的行为。英国的一家女性杂志刊登了一张照片，一个人拿着塑料袋，里面装着多只死猫。作者在一旁写道："猫就像卷心菜一样被买卖，那些人根本不考虑它们是活的、有呼吸的、有意识的动物，而看的人能够感受到它们的恐惧和痛苦。"

西方动物组织和媒体所表达的立场很明确，那就是人捕杀猫作为食物是错误的。猫是家庭成员，是伴侣动物。亚洲一些地区吃猫是野蛮的、原始的、没有文化的表现。尽管这些照片看起来确实有着视觉冲击，但西方所传达的信息失之偏颇。这似乎是企图把西方文化价值观强加给外国文化，也同时强加于猫这种生物之上。

　　在一些西方人的眼中，亚洲人对待动物就像对待蔬菜一样，捆扎、装箱、粗暴处理。然而许多西方国家在没有阳光的工厂饲养着数不尽的家畜，比如鸡、猪和牛，然后用拥挤的卡

车把它们运到远处的屠宰场。"高效"的工厂化养殖为西方社会提供着源源不断的蛋白质来源。可想而知，西方人对待牛的方式一定吓坏了印度教徒。印度教徒因此很有理由进行大规模的公共运动，来教育西方人吃牛是不可接受的，因为这冒犯了印度教中极为神圣的牛。然而假如真的发生了这样的抵制活动，美国人一定会觉得这是对他们吃汉堡和热狗的神圣权利的侵犯。

其实，在西方国家中，也存在类似的分歧。长期以来，英国人对有人能吃马肉而感到震惊。吃马肉在英国文化中是一种禁忌，这在历史上曾引起过英国和法国的摩擦。许多英国的"铲屎官"至今仍然不相信一些猫粮中含有马肉。大多数英国人对这个现象深恶痛绝。然而，在"二战"期间，肉类实行定量供应，许多家庭在不知不觉中也吃了马肉。1861年，查尔斯·狄更斯主编的杂志《一年四季》（*All the Year Round*）上刊登了一位匿名作家写的人类对食物的文化偏见："基督徒同情犹太人和穆斯林，因为他们不吃猪肉，但基督徒拒绝吃马肉。印度人对牛肉有同样的恐惧，羊肉也绝对不是一道世界性的菜肴。俄罗斯人仍然不吃鸽子，意大利人喜欢吃兔子，法国人甚至吃小青蛙和大蜗牛。"

在绝大多数情况下，人们吃猫的主要原因是猫肉是蛋白质的来源。猫可以食用不适合人类食用的废料，并将这些废料转化为人类可食用的蛋白质。它们和人类所养的猪没什么区别，都是用家里的剩饭剩菜和意外收获的食材喂大的，在冬天就可以杀了它们来给家人吃。但是，人类习惯消费的最普通的肉类（不包括维持生计的猎人）都是最简单和最经济的物种，要么是食草动物，要么是杂食动物，比如猪、牛、鸡、绵羊、山羊。它们位于生物量金字塔的底部，它们的食物包括人类无法消化的植物。而猫是专性食肉动物，喂养和增肥都很昂贵。它们位于或接近生物量金字塔的顶端。猫会吃许多猎物，比如鸽子和兔子，所以对人类来说，直接去吃鸽子和兔子比吃猫更有意义。人类和猫在食物链中处于大致相似的位置，两者经常是竞争对手，而不是捕食者和猎物的关系。然而，蛋白质就是蛋白质，如果需要或有机会，大多数食肉或杂食动物也会互相食用。比如，即使在宠物饲养文化的光芒照耀下，猫依旧是西方人在围城或饥荒时期的一种食物。

1689 年伦敦德里之战期间，猫就成为饥饿的英国人的盘中餐。后来一个描写伦敦德里之战的剧本中写道："士兵们在城市里到处追捕猫狗，就像猫追捕老鼠一样……这是肉类市场的价格清单，马肉二十便士一磅；四分之一只狗要五便士或六便士；教堂院子里的一只老鼠要一先令……士兵和饥饿的市民把城里所有的猫狗都吃光了。"《便士画报》（*The Penny Illustrated Paper*）在 1870 年 10 月 29 日描述了在普法战争中的巴黎围城时期的情况："我的一个朋友被邀请出去吃饭，他吃了一只味道很好的兔子。第二天，他的朋友不仅厚颜无耻地告诉他，他吃的是猫，而且还让他看挂在食品柜里的其他猫。"

鉴于猫在人类社会中作为宠物的身份地位越来越显著，人类食用猫肉自然不再是一种值得提倡的行为。

"铲屎官"的身后事

首先，猫可以填饱自己的肚子。
其次，猫和其他食腐动物一样，
正在做大自然的清理工作。

有没有听过一个关于离群索居的爱猫者的故事？这个爱猫的人一不小心死在了自己的公寓里，而饥饿的猫开始啃噬他的身体。这是一个基于真实事件改编的故事吗？

人类看到过饿得不行的野牛会吃脏尿布、卫生巾。在人类的历史上，也有人因为饥荒而吃过人肉，或为了减轻饥饿而吃泥土。被遗弃的野猫，尤其是那些饱受战争蹂躏的地区的猫，很少有固定的食物来源。它们必须把能找到的任何食物吃进肚子，包括垃圾（不能消化的腐烂的面包、水果和蔬菜）和尸体（包括其他猫的尸体）。在那个关于离群索居的爱猫者的故事中，有人认为猫之所以会去啃噬"铲屎官"的尸体是因为它实在饿得不行，为了生存而采取的无奈之举。

这样的解释似乎很合乎常理，也有不少的同类事件可以印证。当这个猫吃人的事件发生后，这种令人震惊又罕见的事情经常会成为新闻。1889 年 12 月 28 日的《达灵顿与斯托克顿时报》（*Darlington & Stockton Times*）上就记载过一个这样的事件："昨天在卡莱尔发生了一件可怕的事情。一个叫托马斯·伯基特（Thomas Birkett）的人独自生活，好几天没人看见他。当警察打开门进入他家时，他的尸体被发现了，脸上的鼻子和耳朵都被猫吃光了，他养了几只猫。当窗户打开时，三只猫都跳出了房间。很明显，猫被困在家里没有其他食物来源。"

2008 年，58 岁的罗马尼亚人利维亚·梅林特（Livia Melinte）被她那 20 只强壮的猫当成了"猫粮"。2013 年，警方发现了 56 岁的英国妇女珍妮特·维尔（Janet Veal）正在腐烂的尸体。她死后几个月都没有被人注意到，她的尸体被她养的一些宠物所啃噬，当然也包括了她的猫。《美国法医医学与病理学研究杂志》（*The American Journal of Forensic Medicine and Pathology*）上报道过一个案例，一个 30 岁出头的男人自杀，三天后，当他被发现时，他的头、脖子和手臂的一部分已经血肉模糊。这个男人养了 10 只猫，所有的猫也都死了。男子的死因是过量服用了处方药。10 只猫的死因是吃了"铲屎官"的身体，死于药物中毒。

一只猫要多长时间才能抛弃一个深爱的"铲屎官"去对他的身体下口？如果猫有别处可去，它会很快选择去野外，开始捕食大自然中的猎物。但如果猫不能从"铲屎官"的家中离开，情况可能会变得很糟糕，饥饿到一定程度的猫会变得非常焦躁。在 1992 年新奥尔良举行的美国法医科学院会议上，一位法医病理学家指出，单独生活的人有时会意外死亡，在一段时间内可能会没人发现。他声称，根据他的经验，一只宠物狗会先等上几天才去吃主人的身体，但宠物猫最多只会等一两天。

其实这是因为猫是食肉动物，不像狗那样杂食，猫不能吃其他可能在家里的食物（水果、蔬菜、饼干等）。对狗来说，尸体可能是最后的选择，而对专性食肉的猫来说，"铲屎官"的尸体可能是最优先的选择。但是也有反例，2010 年《法医与法律医学杂志》（*Journal of Forensic and Legal Medicine*）上发表了一个案例。在此案中，一名妇女被丈夫发现死在浴室里。她死于动脉瘤，但她的鼻子和嘴唇都不见了。有趣的是，和之前的论点不同，这名妇女身上发现的所有伤痕都是由她的狗造成的。这只狗在受害者死后仅仅几个小时就"捕食"了她，但她的猫一点都没有参与。

在很多人类文明中，人类认为身体是神圣的，或者至少应该受到尊重。残害或猥亵尸体的行为是非常恐怖的。一些社会甚至认为法医的死后检查都是不可接受的，因为这一程序相当于残害。人类死者需要被完整地埋葬或被烧成灰，一些事故受害者在殡仪馆还需要一番容貌修复。许多被视为家庭成员的宠物，也因此被赋予了同样的埋葬或火葬的尊严。

相比之下，猫怎么能吃"铲屎官"的尸体！等等，人类为什么要埋葬和火化尸体呢？这么做有实际意义吗？首先，腐烂的尸体通常很难闻，食肉动物和食腐动物会被气味吸引，并对早期人类构成威胁。其次，尸体分解会使细菌繁殖，并可能导致食物和水的污染。如果死者死于传染病，不埋葬或焚烧遗体就有可能导致感染传播。在现代，许多人需要知道他们已故的家庭成员在哪里，以便凭吊他们，在某些方面，把死者当作还活着的人来对待给人类带来了安慰。那么，猫吃"铲屎官"的尸体有什么实际意义呢？首先，猫可以填饱自己的肚子。其次，猫和其他食腐动物一样，正在做大自然的清理工作。

对大自然来说，人和猫在本质上并无区别。即使人类有更高的智力，也仍然是骨骼、皮肤和肌肉的集合。对大自然的经济学来说，不管是什么物种，死了就是尸体，就要被活着的物种消耗掉。

那为什么人类对尸体被猫吃掉这个现象常常会感到那样不舒服？这或许是因为在绝大多数的人类文明中，"动物行刑"被视为一种对人精神上的惩罚。公元前7世纪，亚述末代国王亚述巴尼拔就曾经把他的囚犯作为巨犬的食物，埃及人则是喂给鳄鱼，迦太基和印度的犯人会被大象杀死。17世纪有个叫罗伯特·诺克斯（Robert Knox）的水手和商人，在英语世界第一次描述了他在锡兰（今斯里兰卡）时目睹的大象行刑：大象用牙齿穿过尸体，将其撕成碎片，把四肢依次抛开。它们的牙槽有三个边缘，像锋利的铁器。因为动物行刑的这种侮辱性，往往被视为对死者的不尊重、对死者家属的侮辱，以及对他人的警告，惩罚程度超过了死亡。

在绝大多数养猫的国家中，猫被视为友好的家庭宠物，它们身上的捕食本能被抑制、消除或仅仅局限于小型猎物。虽然许多"铲屎官"试图阻止，但猫还是会从垃圾箱或者饭桌上叼走一些食物。"铲屎官"心里很清楚，猫科动物是捕食者和食肉动物，猫会本能地被小动物或者肉类所吸引。

但是，"铲屎官"依旧会把猫当作家庭成员，会把人类的情感和动机放在猫身上。毕竟，和人类生活在一起的猫并不把人类当作猎物，猫舔人的时候就像舔其他的猫一样，它们和人

象刑

258

类一起玩耍，还经常抱着人类睡觉。但这样的关系中也发生过一些小插曲。比如一些"DIY"（自己动手做）爱好者或园艺爱好者会不小心在操作工具的时候割断自己的手指或脚趾，这个时候陪伴在一旁的猫可能就会一跃而起，把那些断指叼走并吃进肚子里。这究竟是为什么呢？难道猫不知道那一块肉是"铲屎官"身上的吗？或许，这是因为猫的下颚天生是为小型猎物设计的，所以当断指掉落的时候，猫身体中的本能突然被唤醒了，无法再思考别的事情。

请不要再过分介意猫吃人尸体这件事了，毕竟，即使猫没有吃掉你，人体也能完成"吃掉自己"的任务。这是由两个过程造成的：首先，人类的肠道菌群在人体死亡后将不受控制地繁殖，从内部吞噬人体。其次，人体的细胞会经历一个叫作"自溶"的过程。在这个过程中，人体的酶会破坏所有的细胞。

不过，若是有一天你从睡梦中醒来，发现自己不能说话，全身不能动弹，只有眼珠子能转动，而你的猫跳上了床，喵喵叫着告诉你该给它准备早餐了……

古代埃及撸猫手册

在古埃及，每只猫都被认为是半神。既然猫是一个半神性的存在，那么就不是随便什么人都有资格饲养，只有地位足够高的人才配拥有猫。

在人类的历史上，古埃及文明可以算得上和猫渊源最深的一段文明，在社会和宗教习俗中都充满了猫的身影。古埃及人尊重与他们共同生活的动物，并将它们中的许多与神或人类特征联系在一起。其中，猫是最受他们尊敬的动物，与许多神有着密切的联系。

身处农业社会，古埃及人在生活中显然常常会被老鼠和蛇所扰，它们不仅偷吃储备的粮食，还会给人的健康带来威胁。人们认为，古埃及人了解到野猫能捕食这些动物，因此特地拿出一些食物来引诱猫定期拜访他们。猫开始接近人类居住区，人类不仅提供了现成的食物（老鼠、蛇和人类留下的食物），而且能帮助它们避开更大的捕食者。随着这种共生关系的发展，猫受到了人类的欢迎，并最终同意与人类朋友住在一起。

玛弗德特（Mafdet）是古埃及已知的第一个猫头神，最初出现在公元前 2920 年的埃及第一王朝，被认为是法老房间的守护者，具有抵御蛇、蝎子和邪恶的能力。自埃及第二王朝（公元前 2890 年）开始，猫神贝斯特（Bastet）逐渐受人崇拜。在上下埃及统一之前，她的形象是拥有狮子头部的战争女神。在埃及第三中间期（约公元前 1085—前 656 年），贝斯特开始被描绘成一只家猫或一个猫头女人，转化为家庭的守护神。

到了新王国时代（公元前 16—前 11 世纪），埃及文明进入了繁荣发展的阶段。这是埃及帝国的时代，在此期间，埃及的边界扩大、国库充盈，猫开始经常出现在古埃及人墓穴的壁画上。人们经常被描绘成带着猫外出打猎的样子。这些艺术描绘并不写实，因为画中的人经常穿着他们最好的衣服，戴着昂贵的珠宝，而不是一派狩猎的装束。猫则常常被描绘成控制着一只野鸟的模样，有着为家庭成员提供神圣保护的意味。在内巴蒙（Nebamun，生前曾在古埃及的重要城市底比斯担任高官）的墓中，猫的眼睛是镀金的，逼真地闪烁着，这是墓室装饰中唯一用了这种金属的地方。要么内巴蒙是一个骨灰级的"猫奴"，要么就是为了彰显猫所具有的神性。

内巴蒙墓壁画上的猫

当布巴斯提斯城（埃及尼罗河三角洲上的古城）被舍顺克一世（Sheshonk I，约公元前945—前924年在位）定为都城时，贝斯特女神的地位被提升到一个前所未有的高度。古希腊历史学家希罗多德（Herodotos）在公元前450年访问布巴斯提斯时曾记录道："尽管贝斯特神庙没有其他城市中的神庙那么大，可能也没那么昂贵，但在整个埃及，没有一座神庙能比它给人以更多的愉悦。"他还证实，一年一度的贝斯特节是埃及最受欢迎的节日之一。成千上万的朝圣者从埃及各地来到这里，通过喝酒、跳舞和唱歌来庆祝，并在接下来的几个月里为女神祈祷以获得她的青睐。他还记录道："如果一所埃及房子着火了，古埃及人不会试图去灭火，而是把所有的注意力都集中在拯救猫上，阻止它们跳回大火中。"不过，布巴斯提斯于公元前350年被波斯人摧毁。公元390年，帝国法令正式禁止了对贝斯特的祭祀，随着女神的"死亡"，猫的命运也渐渐黯淡了下来，不再是神的化身。

在古埃及时代，人们没有区分野猫和家猫，所有的猫都被称为"miu"。这个名字的来源现在还不清楚，但似乎是一个拟声词，指的是猫发出的声音。在历史记载中，那时候小女孩通常被命名为"Miut"（字面意思是"雌猫"），可见古埃及人对猫和小孩都非常喜爱。因为深受人喜爱，猫在死后也获得了类似人的被埋葬的资格。希腊的历史学家狄奥多罗斯（Diodorus）曾记录道："当一只猫死后，人们会陷入深深的悲痛，为此剃掉自己的眉毛。人类用亚麻布包裹猫的尸体，用雪松油和一些香料处理，这些香料能散发出令人愉快的气味，并能长期保存身体。然后猫连同牛奶和老鼠等食物一起被埋葬。"

在其他文明的历史中，许多动物也会被视为神的代表，但动物本身并不被认为是神圣的。然而在古埃及，每只猫都被认为是半神。既然猫是一个半神性的存在，那么就不是随便什么人都有资格饲养，只有地位足够高的人才配拥有猫。因此在整个古埃及历史中，对伤害猫的人有着极其严厉的惩罚。在贝斯特最受欢迎的时候，如果一个人杀死一只猫，即使是意外，这个人也会被处以死刑。狄奥多罗斯曾写道："在埃及杀死一只猫的人，无论他是否故意犯罪，都将被判处死刑。人们会聚集起来杀了他。如果一个不幸的罗马人意外地杀死了一只猫，那无论是埃及的托勒密国王还是罗马帝国对人们的威慑都救不了他。"

度过新王国时代后，古埃及开始走下坡路，一度分裂成各自为政的几个城邦。第二十六王朝的法老雅赫摩斯二世（Ah-mose II，约前570—前526年在位）是一位非常有胆识的军事家，在位时恢复了埃及以往的一些荣耀和军事威望。雅赫摩斯二世死后，国家交给了他的儿子普萨美提克三世（Psamtik III），这时波斯打算入侵埃及。普萨美提克三世是一个年轻人，他生活在父亲伟大成就的阴影下，几乎没有能力抵御敌对势力。希罗多德记录了这个时期中的一个有趣故事，波斯人充分利用了埃及人对猫的爱而得到了战争的胜利。波斯人捕获了大量的猫，然后运到贝鲁西亚（古代埃及城市，位于尼罗河三角洲最东边）城外的战场上，将猫分配给士兵，来代替盾牌。另一种说法是猫可能是被画在盾牌上。当埃及人看到吓坏了的猫在战场上跑来跑去时，他们不敢冒着伤害挚友的危险而战斗，因此选择了投降。

波斯人利用猫咪战胜埃及人

在当时，把猫出口到邻国也是违法的，但这种禁令使得地下黑市猖獗，走私猫的贸易一度非常繁荣。在法庭记录中，他们偶尔会派遣军队去营救被绑架的猫，并将它们带回埃及。但奇怪的是，一些从布巴斯提斯墓穴中复原的猫木乃伊的头部或颈部都受到了严重的创伤，表明它们是被故意杀害的，这与针对杀死猫的严苛法律形成了对比。根据考古学家的理解，木乃伊化的猫会被卖给朝圣者。朝圣者带它们去贝斯特女神的神庙，然后把她的能量带回家。朝圣者也会再把猫木乃伊带回来，作为一种还愿。这和现在寺庙中售卖开过光的护身符，以及信徒供奉佛像差不多。

　　猫木乃伊听起来很稀奇，但事实上这种木乃伊化的猫非常多，自 19 世纪 90 年代以来，人们在埃及各地都发现了猫木乃伊。在一项最大规模的考古发现中，人类出土了 18 万只猫木乃伊。博物馆对购买这些猫失去了兴趣，考古人员更感兴趣的是从墓穴中出土的干瘪甲虫，以至这些猫木乃伊一度被卖掉用来制造肥料。

猫木乃伊

古代中国
撸猫大全

中国古人喜欢的是纯色猫，《猫苑》的"毛色篇"中的评判标准为："猫之毛色，以纯黄为上，纯白次之，纯黑又次之。"

衔蝉、衔蝉奴、蒙贵、乌圆、雪姑、锦带、云图、女奴、狸奴、霜眉、鼠将、粉鼻、仙哥、玉狻猊、麒麟、小於菟、虎舅、女猫、丫头、猫老爷、白老、小官人、寒猫、花奴、紫英、蚕猫、懒猫、佛奴、鬼尼、尼姑、宝狸、黑奴、不仁兽、虎面狸、祖师、将军。

这些可都是中国古人给猫取的爱称、别称，可见猫早已俘获了中国古代文人墨客的心。别不相信，不仅仅是这一大串的名字，中国古人还特地为猫撰写了谱录，流传至今的尚有四部，分别是元代俞宗本的《纳猫经》、清代嘉庆三年（1798年）王初桐的《猫乘》、嘉庆二十四年（1819年）孙荪意的《衔蝉小录》，以及咸丰二年（1852年）黄汉的《猫苑》。

这些为猫立传著书的可不只刻板印象中留着胡子的文人骚客，还包括才华横溢的女子，比如《衔蝉小录》的作者孙荪意。要知道，当时的社会对女子的要求为"无才便是德"，而这位孙荪意却不甘寂寞，标新立异，到处搜罗关于猫的传说故事，还摘录了历代名家题猫、咏猫的作品，成为一个让人刮目相看的才女"猫奴"。

在才女的眼中，要给猫写一本谱录，自然要多一点趣味，因此在书名的选择上就多了一分斟酌。"衔蝉"指的可不是猫嘴巴里叨着一只知了。这个别称的来历可以追溯到后唐时期（923—936年）。那时候有一个琼花公主，她养了两只猫，其中一只为白色，在嘴巴附近有着深色的花纹。公主就是公主，她没有给这只猫起名为"花嘴"，而要想一个风雅点的名字。那时候的猫比现代社会的宠物猫接触自然界的机会更多，这只猫时不时就会叼一些昆虫老鼠之类的小礼物回家，所以公主就把"衔蝉"二字送给了它，是不是画面感十足？

衔蝉

人类社会一直是一个看脸的社会。即使在古代，人类对动物也有着一套由表及里的评判技术，这类技术称作"相畜"。自然也有专门针对猫的"相猫"术，不过中国古代的"相猫"标准是不是和现在一些猫咪协会对品种猫的认定标准非常类似呢？

在中国古代，对猫咪的判断主要分为"外形"和"毛色"两个标准。不过在"外形"评判中，还以捕鼠能力为标准来判断猫品的高下。比如，《猫乘》中收录："猫之善捕鼠者，日常睡。"说的是善于捕老鼠的猫，在白天的时候经常睡觉来保存体力。又有书写道："猫儿身短最为良，眼用金银尾用长，面似虎威声要喊，老鼠闻之自避藏。"说的是身体短小，瞳孔是黄色或白色，尾巴很长，脸蛋长得跟老虎一般，叫声响亮的猫最好，这样老鼠听到就会立马躲藏起来。《物理小识》中还有写："凡猫口腭有浪，九浪者能捕鼠。"这里面的"浪"指的是猫口腔上腭壁凸起且平行的一条条的肉"坎"。一般的猫有七个"坎"，拥有正常的捕鼠技能。但民间经验认为，猫如果长了九个"坎"，捕鼠就会特别猛，打架连狗都不怕。

"捕鼠能力"这项指标，由于人类现代社会不再需要猫去捕鼠，已经消失在如今西方主流的宠物猫协会对品种猫品相的评分标准中。

在毛色的要求方面，中国古人喜欢的是纯色猫，《猫苑》的"毛色篇"中的评判标准为："猫之毛色，以纯黄为上，纯白次之，纯黑又次之。"

明代综合性农书《致富全书》里写道："纯白、纯黑者佳，身上有花，四足及尾俱花，谓之缠得过，亦佳。"主要是因为在古代中国大地上，数量占绝大多数的小伙伴是"中华田园猫"，也就是中国本土家猫类的统称，按照皮毛颜色可分为狸花猫、橘猫（黄猫）、四川简州猫、三花猫、白猫、黑猫、黑白花猫等多个品种。中国历史上人们不像重视金鱼那样人工选择定向培养猫品种，因此猫的基因融合非常充分，以至纯色猫的数量大大少于杂色猫，本着"物以稀为贵"的道理，纯色猫在古人的眼中就变得高"猫"一等。

除了给猫写谱录的这四个人之外，中国古代还有谁是"猫奴"呢？现在把时间挪到被称作"文人天堂"的宋朝。在那个时候，猫一般被称为"狸"，而被驯养跟人一起做伴的猫多被称为"狸奴"。

先来看一个生活在南宋的官员，叫作李迪。据记载，他从南宋宋孝宗起任职画院。他画的两幅猫图被收藏在了日本大阪市立美术馆和中国台北故宫博物院中，分别叫作《狸奴蜻蜓图》和《狸奴小影图》。两幅画中各一只猫，第一只一看就是黑白相间的狸花猫，另一只则是纯橘的毛色。要把猫咪灵巧可爱的模样定格下来，非常有挑战性。若不是一个爱猫之人，绝对无法把猫的身影印在脑子里，选择挑战这种高难度的任务。

靖康之难后，北宋灭亡（1127年），另一个爱猫的老兄刚开始牙牙学语，他的名字你一定非常熟悉，叫作陆游。作为一

仿《狸奴小影图》

名著名的爱国诗人，他写了"王师北定中原日，家祭无忘告乃翁"；作为教育学家，他写了"纸上得来终觉浅，绝知此事要躬行"；作为人生导师，他写了"零落成泥碾作尘，只有香如故"；作为一个"猫奴"，他还写了"裹盐迎得小狸奴，尽护山房万卷书。惭愧家贫策勋薄，寒无毡坐食无鱼"。

在宋代的习俗中，向他人讨要小猫需用箬竹叶包一包盐巴做聘礼[1]，表示：把小猫交给我吧，我会好好待它的。就这样，陆游用一包盐从朋友那里拿来了一只小猫做伴。这只小猫也不负陆游所望，非常尽职地履行了自己的职责，保护这个穷诗人最珍贵的书籍。要知道在古代，书经常是老鼠进攻的目标，作为啮齿类动物，老鼠是需要磨牙的，而书的软硬正合适。所以养一只会逮老鼠的猫就可以防止收藏的书籍成为老鼠的磨牙棒。

诗写到这里，原本是一幅其乐融融的情景，但下两句陆游就开始反省自己，他说让人不好意思的是因为他家里实在太穷了，对猫的赏赐很菲薄，天冷的时候它的身下没有温暖舒适的毡垫，食物里也经常没有鱼。虽然实在的赏赐比较少，但奖励个虚名还是可以的，陆游在另一首诗中写道："仍当立名字，唤作小於菟。"由于这只猫抓老鼠的本领一流，就给它取名叫作"小於菟"，也就是小老虎的意思。

虽然这只猫摊上了陆游这么一个穷诗人，日常伙食并不丰盛，但它对这个主人依旧不离不弃。不过久而久之，这只小老虎也变成了一个老油条，既然主人那么穷，那么它也决定不那么卖力捉老鼠了，睡觉的点一到就雷打不动进入梦乡。

这么一来，陆游就崩溃了，原本就穷得叮当响，家里最值钱的就是那些书，现在小老虎又不发威，他只好怨气满满地写道："狸奴睡被中，鼠横若不闻。残我架上书，祸乃及斯文。"

---

1 聘礼，此处指聘请猫时给的表示敬意的礼物。

老鼠在家里把我的书都啃烂了，要上天了！你这猫竟然还在被子里面睡大觉！

渐渐地，没有钱的陆游和不捉老鼠的小老虎达成了新的默契，维持着一种"凑合着过"的生活状态。诗句变成了："谷贱窥篱无狗盗，夜长暖足有狸奴。"反正我这屋子里面啥都没有，长夜漫漫冷飕飕，没关系，反正可以用猫来暖脚。还写道："勿生孤寂念，道伴有狸奴。"怎么会感觉到孤单呢？我可是有猫的人呢。

说完官员和文人，下面就要来讲讲那些地位最高的"猫奴"。现在把目光挪到明代，这次的"猫奴"就不是什么寻常百姓了，而是那些九五之尊。

"喵星人"占领紫禁城要从铁血皇帝朱棣去世开始讲起。明仁宗朱高炽成功登基，明朝第一个"猫奴"皇帝登上了历史舞台。朱高炽有一次亲笔画了一张有七只毛色不同、姿态各异的猫图，命大臣杨士奇题跋文。杨士奇由于在"猫诗"中恰到好处地赞颂了皇帝，开启了他的重臣之路。

明仁宗的撸猫故事没能留下多少记录，原因是他在位没到一年就去世了。明仁宗的长子朱瞻基顺利接下了皇位。由于父亲爱猫，这位皇子从小就没少和猫相处，再加上他又是一个艺术细胞丰富的皇帝，猫的姿态就被他用笔画在了纸上。明宣宗朱瞻基所绘狸猫图卷有六幅，分别叫《花下狸奴图轴》《壶中富贵图轴》《五猫图卷》《仿宣和画耄耋图轴》《宫猫图卷》和

《猫轴小横披》。其中《花下狸奴图轴》曾被乾隆所收藏，还被他写上了一首诗，现藏在台北故宫博物院。

讲到这里，是不是觉得这两位明朝的皇帝养猫也没什么奇特的？那请准备好，接下来的"猫奴"会让你大吃一惊。

从明仁宗和明宣宗开启紫禁城养猫的传统，到明世宗朱厚熜登基时，宫中繁衍生息的猫咪数量已经非常庞大。明世宗爱猫，把宫中的猫统称为"宫猫"，在宫中设立了一个"猫儿房"。猫儿房的侍从由三四个太监组成，每日轮班负责喂食和清洁，也就是皇帝的猫的御用"铲屎官"。

太监们除了铲屎之外，还需要从宫猫中挑选出最优秀的供给皇帝，皇帝如果看中了这只猫，就会自己养。如果皇帝没有看上，就会赏赐给亲近的大臣们以示恩宠。

明世宗最宠爱的一只狮子猫叫作"霜眉"，它有一身顺滑的淡青色毛，但眉毛却莹白若雪。据说霜眉不但性格温顺，而且善解人意。每当明世宗要选择夜晚临幸谁时，都让霜眉来决定，它跑到哪个妃子的宫门口，他就去那个妃子的屋中睡觉。明世宗20多年都没有上朝，除了爱猫之外，他一心向道追求长生，经常在宫中念经打坐。这时，霜眉就像老僧坐定一样在一旁陪着他。因此，明世宗认为霜眉有灵性，喜欢得不行。

但是大家都知道，猫没有长生不老这回事，时间到了就要回喵星。随着日子一天天过去，霜眉开始衰老，最终离开了明世宗。明世宗疼惜不已，不仅特意打造一个金棺把霜眉葬于万

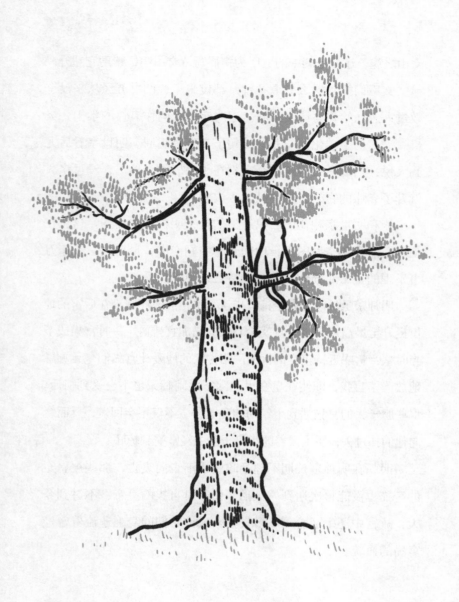

景山虬龙柏与霜眉

寿山之麓，还命令朝中的文臣为霜眉写诗文吊唁，帮助它超升。

文臣们接到这么一道圣旨，都傻眼了，四书五经从来没有教过人怎么给猫写诗文吊唁。这时有一个叫作袁炜的学士，灵机一动写出了"化狮作龙"的句子来夸赞霜眉。明世宗看后龙心大悦，当即命人将这四个字刻在了霜眉的金棺上，没过多久就升了袁炜的官，官加一品，入内阁。

能和明世宗相比的，只有他的孙子明神宗朱翊钧。这位在朝政上前十年奋发图强，中间十年由勤变懒，最后近三十年万事不理的皇帝对猫却有着一颗持之以恒的热爱之心。

明神宗虽然没有做金棺葬猫这种事，但他让宫猫在后宫的地位提升至最高点，时不时就给心仪的猫加官晋爵，一时宫猫成了当时皇帝赏赐近侍宦官的标配。明神宗的博爱让宫猫们毫无顾忌地放飞了自我，即使在皇宫里上蹿下跳闹翻天也不会受到呵斥。那些胆子大的宫猫遇到了年幼的皇子公主不仅不会回避，反而会向他们扑过去，娇生惯养的小皇子公主经常受到惊吓。

明朝在明神宗长期不理朝政中逐渐走向衰亡，那些被恩宠的宫猫也没能再次遇到"吸猫"而不可自拔的皇帝。不过到今天，故宫中还生活着 100 多只猫，或许它们的身上还流着曾经宫猫的血统。

古代日本撸猫指南

猫不仅拥有宠物这一种身份，
还开始"成妖"了。

猫在日本是一种人气非常高的动物，无论是三次元的猫界巨星"猫叔"，还是二次元的哆啦A梦和HelloKitty都有着大量粉丝。日本民众的爱猫情结可不是步入现代后才培养起来的，猫在日本的历史中一直有着一席之地。

猫出现在日本最早可以追溯到约公元前1世纪，位于长崎县壹岐市的一处弥生时代（公元前7世纪—公元3世纪）遗迹中就考古出土了猫骨。因为其上留下猫爪印迹，而被收藏的文物在日本也不算少数。比如，在兵库县姬路市见野古坟出土的一件"须惠器"[古坟时代（4—7世纪）的典型器物]上，藏在灰色陶器盖子内侧的是有着5个清晰肉垫印子的白色猫爪印。还有一件室町时代（1378—1573年）城堡挖出的"土师器"（等级比须惠器低的一种陶器）上，也能看到一个猫的完整爪印，展出此器皿的博物馆将其命名为"有猫爪印的盘子"。

日本最古老的故事集——平安时代（794—1192年）前期的佛教说话集《日本灵异记》，是最早记载猫的典籍。该书上卷第三十回中讲述了，庆云二年（705年），丰前国（日本古代的律令制国家，相当于中国古代地方单位的州）有个叫广国的官员，梦游黄泉，遇到亡父，亡父告知广国如果看见他所化身的蛇进家门，就用木棍赶出去；见到他所化身的狗，则呼唤家里的狗驱赶；最后看见他所化身的猫，则用一顿盛宴招待。如此，可以帮助亡父早日往生。

历史学家推测，在平安时代之前，当时为了保护书籍不被老鼠啃咬，一定有一些唐朝的猫被遣唐使用船带到了日本，这些猫在当时被称为"唐猫"。对"唐猫"最早、最详细的记录出现在平安中期第 59 代天皇——宇多天皇撰写的《宽平御记》中。宇多天皇在后世有个绰号，叫作"猫奴天皇"。他在宽平元年（889 年）二月六日的日记中写道："朕闲时。述猫消息曰。骊猫一只。……爱其毛色之不类云云。余猫皆浅黑色也。此独深黑如墨。为其形容恶似韩卢。"文中出现的"骊"原意是指纯黑色的名马，"韩卢"指的是黑色的名犬。简单说就是宇多天皇引经据典文采飞扬地把自己养的一只大黑猫夸得跟朵花一样。

除了宇多天皇以外，第 66 代天皇一条天皇也是一名"猫奴"。平安时代中期的女作家清少纳言执笔的随笔《枕草子》中就描述了一条天皇的所作所为。一条天皇在自己的母猫生产后，不仅呼唤左右大臣、太后、妻妾为小猫庆生，还授予它"命妇"的称号。命妇是指当时宫中爵位在"从五位"以上的女官，算作贵族，可以出入清凉殿，与天皇同座。不仅如此，天皇甚至为它配备了一个人类妇女做奶妈。有一天，奶妈为了不让这只猫在廊下蹲着而进屋里来，便让名为"翁丸"的狗吓唬它。猫受了惊，逃进屋里，正巧被一条天皇看到。发怒的天皇把猫抱在怀中，不仅打了狗一顿，还将其流放孤岛。

到了镰仓时代（1192—1333 年）中期，北条实时设立了名为"金泽文库"的私人图书馆，同时收藏日本和中国的艺术品，是中世纪日本最重要的文化中心之一。人们为了保护里面的佛教典籍，特地从南宋引进了猫，用于捕鼠。这时的猫不仅拥有宠物这一种身份，还开始"成妖"了。朝臣藤原定家的日记《明月记》中记载了尾巴分叉成两条的"猫股"，"眼睛像猫，体形如狗"，也就是日本著名的猫妖——猫又。民间也流传起了猫又的传说。贵族家中养了多年的黑色公猫成了精，能讲人话，能直立行走，能把人变为猫。更恐怖的是猫还可以让人做噩梦，唤死人起舞，还会夺人尸体。

到了室町时代，猫一改"捉鼠先锋"的角色，成为珍贵的赏玩动物。当时有很多人都给猫戴上项圈，就像现代的狗一样，以防走失。不过这一习惯让丰臣秀吉非常不满，他特地发

猫又

282

布了"不准用项圈系猫"的禁令，结果鼠害锐减。不过丰臣秀吉自己也因此丢了爱猫。他在迁移至大阪城后，养了一只猫，爱不释手。十年后，已经年长的猫无故失踪了，丰臣秀吉命令家臣浅野长政尽全力搜寻爱猫下落。照当时的规矩，找不到的话可没什么好果子吃，说不定会被要求切腹谢罪。浅野长政到处打听，终于得知伏见地区有一只黑猫与两只虎斑猫，赶忙写信给当时在伏见负责建筑伏见城的野野口五兵卫，请求五兵卫帮他收购两只虎斑猫中较漂亮的那只。至于结果到底有没有让丰臣秀吉满意，没留下记录，我们也不得而知。不过至少可以知道，浅野长政活得比丰臣秀吉（1598 年去世）要久，直到1611 年才去世，终年 64 岁。

到了江户时代（1603—1868 年），猫不再只是贵族的宠物，开始进入寻常百姓家。日本停止了战乱并开始制造大众流行文化，人们有了闲暇的时间和新的休闲方式。现在各处可见的招财猫就源自江户时代。招财猫的出处有着几个不同的版本，最常见的是"豪德寺说"。位于东京世田谷的豪德寺俗称"猫寺"，寺内遍地是参拜者供奉的招财猫。豪德寺如今香火旺盛，但它在日本江户时代初期却门可罗雀。一天，彦根城主井伊直孝与家臣们骑马路过豪德寺，忽然看到寺门前有一只猫"举手"招呼他们，以为是让众人入寺休息，便下马往寺里去。前脚刚进寺，天上忽然雷雨交加。井伊直孝认为是猫的招手让他们躲过了雷雨。后来，豪德寺就在井伊家的庇护之下兴旺起来。第二种流行的说法是"花魁薄云说"。传说江户时代最有名的花柳街——吉原有位花魁，名叫薄云，很喜爱猫，养了一只三色猫，取名为"玉"。薄云与这只猫形影不离，甚至上厕所时，猫都会跟在身后。不久，就有人造谣薄云中了"猫魔"，被猫摄了心魄。为了保住薄云的名气，不被谣言中伤，妓院院主便趁薄云不备杀了"玉"。有位游客听说此事，专门从长崎订购了沉香木，刻成猫招手的模样，送给薄云。薄云果然爱不释手，忘记了痛失爱猫的悲伤。因为这件事情，薄云在整个江户的名气反而更大了。在她过世后，这只木雕招财猫被送到寺院内供奉，招财猫的形象也流传开来。

在江户时代，人们没有互联网，但他们有浮世绘。浮世绘画师歌川国芳是一名鼎鼎大名的"猫奴"。作为日本江户时代的文艺"闷骚"男，他因画梁山好汉而出名，但最终为后人称道的是他画的猫。他的弟子们说他爱猫成痴，专门在庭院里养了很多猫，如果有猫不幸去世，他还要立个墓碑哭上一场。他和鲁迅先生一样有许多笔名，只不过其中很多都嵌入了"猫"字，有"一妙开猫好""白猫齐由古野""五猫亭恰好""养白猫恰好""三返亭猫好"等，甚至连印章也画成猫的样子。真正暴露歌川国芳"猫奴"本性的是他所绘的《猫饲五十三图》。这幅图参照了安藤广重（同为江户时代的浮世绘画师）的《东海道五十三景》，但他将地点都置换成猫，每个驿站都用一只或数只猫咪来指代。比如起点是日本桥，由于日语中日本桥和

歌川国芳的代表喵作

"两条鲣鱼干"发音类似，所以歌川国芳让指代日本桥的猫咪嘴巴里叼了两条鲣鱼干。歌川国芳在教授弟子时，总是让弟子以猫为对象练习素描。据说他的家里不但有猫灵牌，而且每只猫都有各自的履历书。

在江户时代，人和猫的距离变得更近了。浮世绘中的猫开始打扮成人的样子，做人类会做的事情。被描绘成名歌舞伎演员的猫在 19 世纪中期成为一种新常态。当时的政府禁止张贴演员和妓女的照片，认为这样不利于公共道德。当然，艺术家们总能找到解决的方法。他们转而利用猫来刺激大众的名人崇拜。例如，把江户时代的明星模拟成各具特色的猫画在浮世绘上，或者借着猫的口隐晦地诉说一些故事。

猫科分类生成树

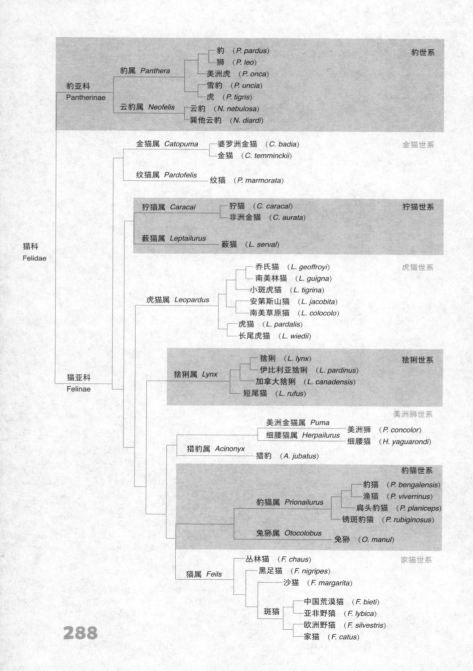

天然品种猫	
阿比西尼亚猫	Abyssinian
美国短毛猫	American Shorthair
伯曼猫	Birman
英国短毛猫	British Shorthair
缅甸猫	Burmese
夏特尔猫	Chartreux
埃及猫	Egyptian Mau
呵叻猫	Korat
缅因猫	Maine Coon
马恩岛猫	Manx
挪威森林猫	Norwegian Forest Cat
波斯猫	Persian
俄罗斯蓝猫	Russian Blue
暹罗猫	Siamese
土耳其安哥拉猫	Turkish Angora
土耳其梵猫	Turkish Van

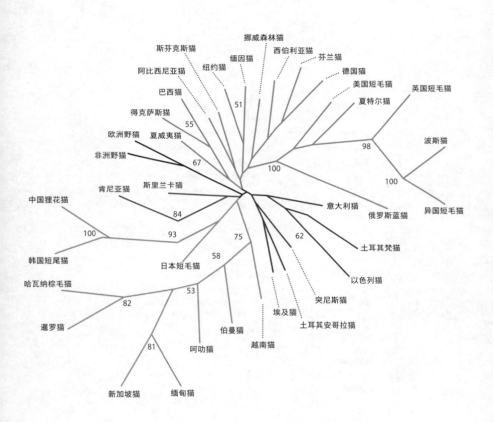

亚洲（绿色）、西欧（红色）、东非（紫色）和地中海地区（蓝色）种群形
成了明显的单系分支

附录 4

可进行商业基因筛查检测的家养猫的遗传性疾病

疾病特征 （等位基因）	遗传形式	表现型	基因
AB 血型	常染色体隐性遗传	血型为 B 型	CMAH
GM1 神经节苷脂贮积病	常染色体隐性遗传	脂肪沉积症	GLB1
GM2 神经节苷脂贮积病	常染色体隐性遗传	脂肪沉积症	HEXB
糖原贮积症 IV 型	常染色体隐性遗传	糖原贮积症	GBE1
肥厚型心肌病	常染色体显性遗传	心脏疾病	MYBPC
低钾血症	常染色体隐性遗传	钾缺乏	WNK4
渐进性视网膜萎缩	常染色体隐性遗传	迟发性失明	CEP290
渐进性视网膜萎缩	常染色体显性遗传	早发性失明	CRX
多囊肾病	常染色体显性遗传	肾囊肿	PKD1
丙酮酸激酶缺乏症	常染色体隐性遗传	血液病	PKLR
脊髓性肌萎缩	常染色体隐性遗传	肌肉萎缩	LIX1-LNPEP

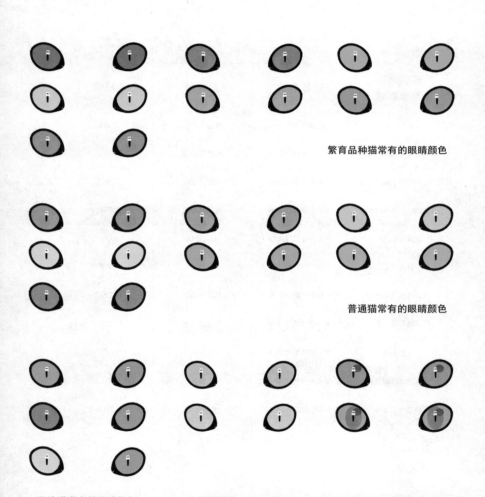

繁育品种猫常有的眼睛颜色

普通猫常有的眼睛颜色

异瞳猫常有的眼睛颜色　　　　白化病猫常有的眼睛颜色　　　　眼睛部分异色的猫常有的眼睛颜色